KB096713

손에 잡히는

텃밭농사기초

서문

텃밭은 자연의 축소판이다. 가꾸는 과정에서 자연과 한 몸이 된다. 가꾸는 재미도 상당하다. 텃밭농사는 일과 놀이가 합체된 행위다. 실패해도 부담이 없고 흉내 내기마저도 배움이 된다. 어떤 걸 심을까 하는 고민도 밭을 디자인하는 과정도 즐거움으로 이어진다.

텃밭이야말로 내 마음대로 해 볼 수 있는 유일한 공간이기도 하다. 경쟁 없이 소통하고 이웃을 만드는 마실 터가 되기도 한다. 매일매일 변화하는 생명의 성장을 관찰하며 과정의 중요성까지 체험할 수 있다.

나눔이 시작되는 곳 또한 텃밭이다. 시키지 않아도 작은 공동체가 형성되어 자연스레 나눔과 품앗이로 이어진다. 귀한 씨앗 나눔도 공짜고 생산물의 교환에도 가격이 없다. 넉넉하게 주고받되 따뜻한 눈빛만 넘어 오면 그것으로 끝이다. 만사형통이다.

기부천사가 탄생하는 곳이기도 하다.

먹는 즐거움도 빼 놓을 수 없다. 땅심으로, 내 손으로 가꿨으니 그 맛 또한 감동이다. 향미 톡톡 터지는 잎채소가 지천인 여름엔 이웃에게도 고스란히 그 맛을 건넬 수 있다. 김장은 또 어떤가. 일 년을 두고 먹을 수 있는 양식을 장만 할 수 있다.

이 책은 텃밭의 매력과 즐거움으로 이끄는 길잡이 역할에 초점을 두고 썼다. 텃밭으로 첫 발걸음을 띄는 초보 농부들에게 도움이 되길 희망한다.

목 차

텃밭 속으로

텃밭의 매력

텃밭농사가 좋은 건 텃밭에서 여가를 즐길 수 있다는 점이다. 주기적으로 햇볕 쬐며 일하는 동작 하나하나가 운동 대체 효과로 손색이 없다. 흙을 만지고 작물을 기르는 경험은 물론 직접 거둔 수확물로 요리해 먹는 특별함이 따른다.

갈수록 늘어나는 노인세대와 정신적 도움이 필요한 사람들에게도 텃밭농사는 활력소가 된다. 특히 녹색에서 얻는 심신 안정 효과는 각박한 삶에 파묻힌 현대인에게 효험이 클 것으로 확신한다.

식습관도 바꿀 수 있다. 마트에서 사 온 채소와 내 손으로 키운 채소의 맛과 향을 비교해 보라. 하늘과 땅 차이다. 심신이 깨어난다. 특히 인스턴트식품에 길든 아이들의 입맛을 되돌리는 기회가 된다.

가족과 함께 하는 텃밭농사는 가족의 구심점으로 자리매김할 수 있다. 자녀들의 자연학습 기회를 넓히는 계기가 되기도 한다.

가족들이 즐겨 먹는 작물 위주로 짓자. 쉽게 기를 수 있는 작물을 고르되 각각의 특성을 감안하여 안배하도록 한다. 처음부터 까다로운 작물을 택하면 의욕이 꺾일 수 있다.

결과가 아닌 과정도 중요하다. 텃밭을 일구다 보면 이웃 텃밭과의 수확물 경쟁이 생겨 과정의 즐거움을 잃을 수도 있다. 가장 중요한 수확물은 텃밭 활동을 통해 가족 간의 즐거움을 쌓는 것임을 잊지 말자.

텃밭은 자연의 축소판이다. 가꾸는 과정에서 자연과 한 몸이 된다. 가꾸는 재미도 상당하다. 텃밭농사는 일과 놀이가 합체된 행위다. 실패해도 부담이 없고 흉내 내기마저도 배움이 된다. 어떤 걸 심을까 하는 고민도 밭을 디자인하는 과정도 즐거움으로 이어진다

나눔이 시작되는 곳 또한 텃밭이다. 시키지 않아도 작은 공동

체가 형성되어 자연스레 나눔과 품앗이로 이어진다.

귀한 씨앗 나눔도 공짜고 생산물의 교환에도 가격이 없다. 넉넉하게 주고받되 따뜻한 눈빛만 넘어 오면 그것으로 끝이다. 만사형통이다. 기부천사가 탄생하는 곳이기도 하다.

생태순환적인 삶을 배울 수 있다. 텃밭에서는 쓰레기란 없다. 화학물질 외에는 모두 흙으로 돌려줄 수 있기 때문이다. 농사잔

사물은 물론 음식물찌꺼기도 순환시킴으로써 거름 자급에도 한 몫 한다. 오줌을 받아 액비로 쓰니 물 절약이 절로 된다.

텃밭에서는 환경운동가가 따로 없다. 텃밭농부 모두 실천가다. 화학물질에 의존하지 않고 내 땀으로 기른 안전 농산물로 가족의 건강을 이끄는 점은 커다란 매력이다.

먹는 즐거움도 빼 놓을 수 없다. 땅심으로, 내 손으로 가꿨으니 그 맛 또한 감동이다. 향미 툭툭 터지는 채소가 지천인 여름엔 이웃에게도 고스란히 그 맛을 건넬 수 있다. 김장은 또 어떤가. 일년을 두고 먹을 수 있는 양식을 장만 할 수 있다.

텃밭에 가면 좋은 점

- 음식물찌꺼기를 거름으로 쓸 수 있다
- 똥배가 들어간다(운동이 된다)
- 막걸리 맛이 두 배로 뛴다
- 도움을 주고 받아야 함을 깨닫는다

텃밭농사 방향

암묵적인 약속이 있다. 자급과 자립이며 순환과 혼작이다.

○자급이 목적이다.

일부는 판매 할 수 있다. 단, 가족이 충분히 먹고 남는 범위에서다. 생산을 우선시하는 전업농 재배 방식도 멀리하는 게 취지에 맞다.

○노동력의 자립이다

본인의 힘으로 농사짓는 규모가 좋다. 가끔 가족이나 지인의 도움을 받는 정도로 한정하자. 노동력의 자립은 일과 놀이가 하나가 되는 유쾌한 선택이다. 다수확의 욕심을 버리면 가능하다.

○돌고 도는 순환이다.

농사부산물은 모두 흙으로 돌려주자. 순환시키지 않으면 밖에서 사들여야 한다. 비용이 발생하고 불필요한 에너지가 소모된다.

빗물도 받아쓰자. 수돗물을 아낄 수 있다. 오줌도 받고 음식물 찌꺼기로 퇴비를 만들자. 거름 자급의 출발점이다.

○여러 작물을 기르자.
섞어짓는 걸 말한다. 보는 재미와 함께 생물 다양성을 위해서도 도움이 된다. 돌려짓기도 하자. 연작피해를 막고 토양 생태계의 안정화를 꾀할 수 있다. 다양한 생물종이 공생할 때 먹이사슬이 균형을 유지하는 법이다.

어디가 좋을까

어디가 되었든 도로가는 피하는 게 좋다. 차량 소음과 매연으로 인해 텃밭농사의 즐거움이 반감된다. 사람 발길 잦은 곳도 우선순위에서 밀어두자. 공들여 키운 작물이 손을 타면 속상하다. 견물생심이라는 말은 그냥 생긴 게 아니다.

햇볕은 무엇보다도 중요하다. 경작할 밭에 그늘을 드리우는 장해물은 없는지 꼼꼼하게 둘러보고 야간의 가로등 여부도 체크하자. 밤의 불빛 아래서는 작물이 웃자라고 병에 약해진다.

물 공급 시설도 둘러보자. 관수 시설이 갖춰져 있다면 금상첨화다. 그렇지 않다면 농수로나 개울물이 가까이 있는지도 확인해야 한다. 빗물을 받을 수 있다면 큰 도움이 된다.

일주일에 한 번은 꼭 둘러보도록 하자. 시기에 맞춰 씨를 뿌리고 모종을 심어야 하기 때문이다. 제때 수확을 위해서도 필요하다. 시기를 놓친 작물은 억세져 결국 버리게 된다. 때 맞춰 거둔 채소를 밥상에 올리자. 텃밭농사의 묘미가 오롯해진다.

김매기작업도 부지런을 떨자. 게으름 피우다 보면 장마철에 텃밭은 풀밭으로 변해 의욕은 반 토막 나고 풀 잡는 노동력은 갑절로 뛴다. 매주 운동 삼아 그때그때 잡아주길 권한다.

첫술에 배부른 법은 없다. 텃밭농사도 마찬가지다. 하지만 걱정하지 말자. 이리저리 3년의 시행착오를 겪으면 어느새 뒷짐지고 훈수하는 경지에 오른 자신을 보게 된다. 농사의 묘미가 몸에 속속들이 들어온다. 텃밭농부의 삶이 찰지다.

밭 만들기

경작할 장소를 결정했다면 밭 만들기에 들어간다. 잡초가 무성하다면 뿌리째 뽑아내고 삽을 이용하여 30㎝ 깊이로 갈아엎는다. 덩어리진 흙을 부수고 돌과 뿌리를 걷어낸다. 콩알만한 잔돌은 놔둬도 좋다. 밭 전면에 완숙퇴비를 뿌리고 흙과 충분히 섞어준 다음 밭 표면을 고르면서 두둑과 고랑을 구획한다.

물 빠짐 좋은 곳은 두둑을 낮추고 나쁜 곳은 높인다. 두둑의 폭에 따라 좁은 이랑과 평이랑으로 구분하되 두둑의 너비는 120㎝ 이내로 한다. 이는 팔을 펼쳐 작업할 수 있는 폭이다.

고랑 방향은 물길을 고려하되 경사진 밭은 경사면과 직각으로 낸다. 경사면과 같은 방향으로 내면 장마 때 흙 쓸림이 심해진다. 평이랑에 낸 작은 골을 헛골이라고 한다. 감자 심을 때 좋고 가뭄에 강하며 북주기에 유리하다.

흙을 두툼하게 높인 공간을 두둑이라 한다. 작물을 심는 장소다. 과잉의 물이 빠지고 작업 통로로도 이용할 수 있게 판 도랑을 고랑이라 한다. 이 둘을 합친 게 이랑이다.

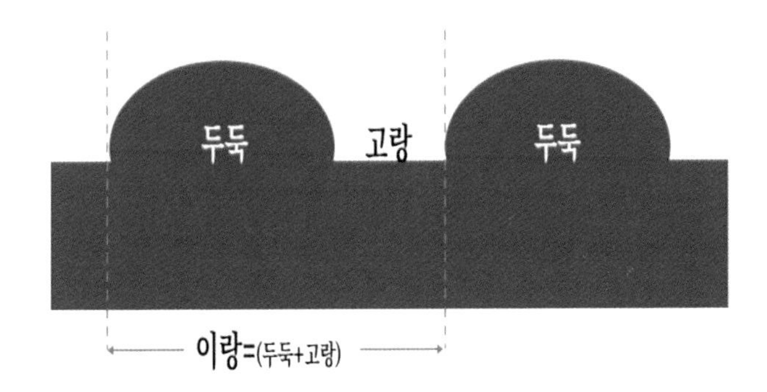

고랑의 폭이 너무 좁으면 작물이 무성할 때 드나들기 어려워지는 점을 감안하자. 고랑은 물이 흐르는 방향으로 파되 고이지 않을 깊이로 고르게 낸다.

흙이 산성인 경우 밑거름 주기 보름 전에 석회를 뿌리고 경운 하여 중화시켜 준다. 평당 0.5~1㎏ 범위다. 작물은 중성 또는 약산성 흙에서 잘 자란다는 사실을 유념하자. 석회비료는 거름과 함께 작업하면 곤란하다. 퇴비효과가 현저히 떨어진다.

이랑은 물 빠짐과 작물 종류에 따라 2가지 형태로 만들 수 있다. 평이랑은 두둑의 폭이 1.2m내외로 잎채소류나 뿌리가 넓게 뻗는 채소 재배에 적당하다. 좁은 이랑은 두둑의 폭을 좁고 높게 만드는데 물 빠짐이 민감한 작물에 적합하다(고추, 고구마, 감자)

재배기초 익히기

작부체계

시작 전에 무엇을 얼마나 키우고 어떻게 배치할지를 구상한다. 초보자라면 쉽고 병충해에 강하며 짧은 시일에 수확할 수 있는 작물 위주로 하는 게 좋다.

처음부터 어려운 작물을 심어 실패하면 텃밭농사의 재미가 뚝 떨어진다. 조금씩 경험을 쌓아가며 난이도 있는 작물에 도전하도록 한다. 작은 텃밭에서는 바로 바로 수확 할 수 있는 작물 위주로 하고 중간 규모의 텃밭이라면 관리가 쉬운 작물 순으로 종류를 늘려가도록 한다.

작부체계란 농사의 종합적인 계획을 말한다. 주로 밭작물에 해당한다. 작부체계는 작물 재배 순서만 정하는 게 아니다. 지역의 기후에 맞는 작물을 선택하고 지력의 유지 및 회복에도 초점을 맞추는 게 중요하다. 병충해 대책까지 포함하는 게 바람직하다. 세가지 방식이 있다.

○혼작 방식 : 생육기간이 같은 두 가지 이상의 작물을 같은 밭에 심는 방식이다.

○가변 방식 : 지역, 토양, 기후 등의 환경을 고려하여 작물 선택과 순서를 결정한다

○이모작 방식 : 생산성을 높이기 위한 방식이다. 동일 경작지에서 한해 번갈아 두 작물을 경작한다.

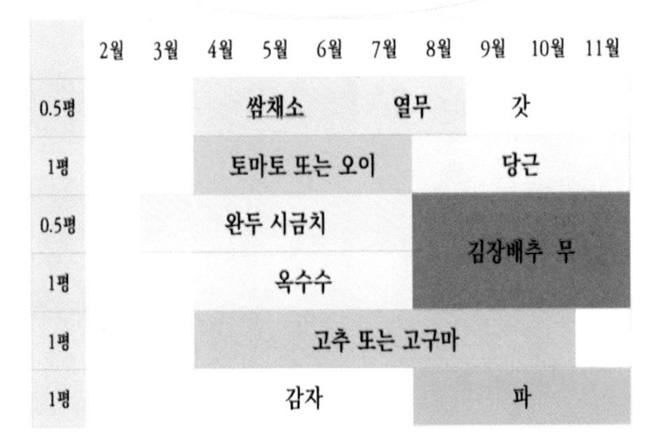

구역배치

작물마다 햇볕과 바람을 충분히 받도록 배치한다. 키 큰 작물은 북쪽에, 작은 작물은 남쪽으로 배치하는 식이다.

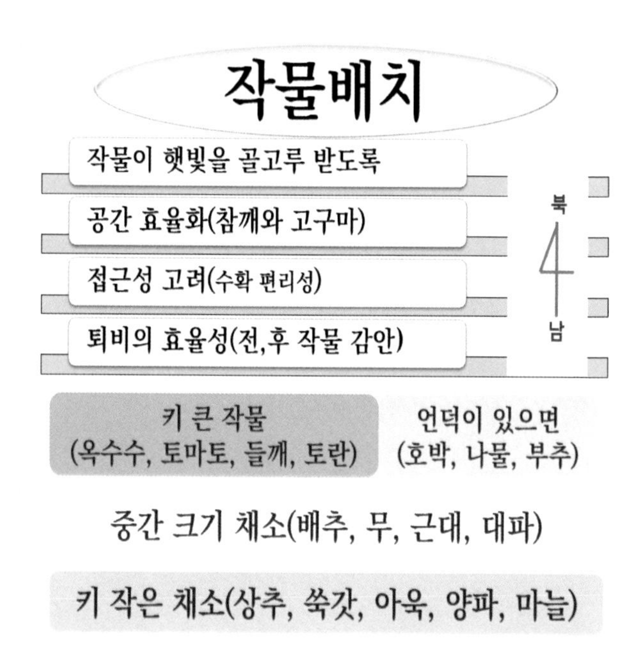

자라는 시기

농사계획을 짤 때 작물이 자라는 시기를 고려한다. 어느 시기에 씨앗을 뿌리고 모종을 심을지, 수확은 언제부터 할지를 알고 있어야 뒷그루 작물배치를 할 수 있기 때문이다.

계절별 채소 가꾸기

구분	채소 종류
봄 채소	봄 배추, 봄 무, 상추, 시금치, 쑥갓, 부추, 파, 완두콩, 강낭콩, 미나리, 감자
여름채소	들깨, 토마토, 가지, 호박, 고추, 수박, 참외, 옥수수, 땅콩
가을채소	양배추, 가을 무, 배추, 파, 고구마, 토란, 당근
월동채소	마늘, 양파, 딸기 , 부추

언제 무엇을 어떻게 키울까

무엇을 키울까

쉬운	상추, 시금치, 쑥갓, 당근, 무, 토란,고구마, 감자, 강낭콩
보통	토마토, 호박, 고추, 가지, 배추, 무
어려운	오이, 수박, 참외

규모별 작물 선택

2~3평	키 작고, 재배기간 ↓	상추,쑥갓,아욱,근대,감자
10~20 평	키 크고, 재배기간 ↑	옥수수, 완두콩, 고추, 고구마

계절과 온도에 따라 작물 선택

식량 작물 재배표

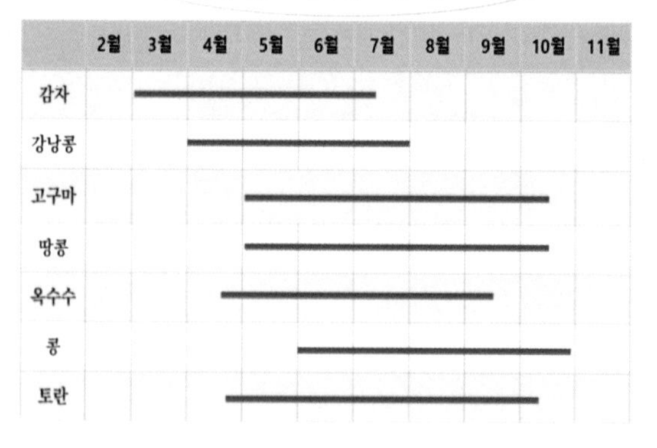

자주 수확하는 작물은 밭 입구에.
재배기간이 긴 작물은 밭 뒤쪽으로.
6월말 감자 수확 후 김장작물(배추,무) 심고.
10월 고구마 수확 후 마늘, 양파 심고.

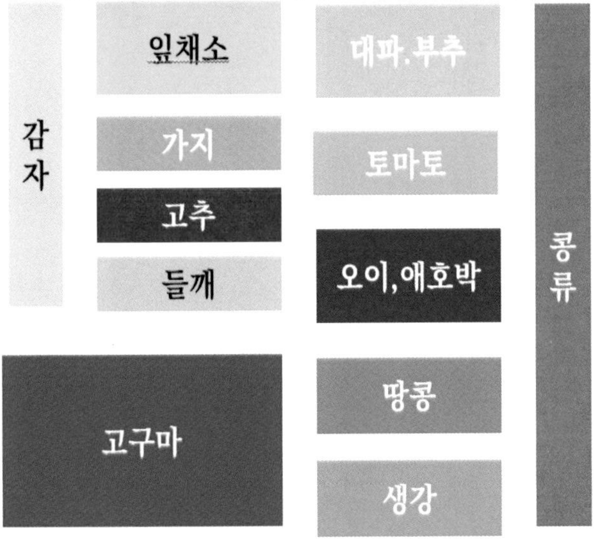

감자
잎채소
가지
고추
들깨
고구마
대파.부추
토마토
오이,애호박
땅콩
생강
콩류

텃밭의 인기작물

작물별 파종시기

파종시기	작물 종류	방법	간격(㎝)
3말~4월초	감자	씨감자	30
4월초~ 말	상추, 쑥갓	씨앗/모종	25
	강낭콩	씨앗	30
	얼갈이		10
	열무		5
	시금치		5
	아욱		5
	대파	씨앗/모종	10
	당근	씨앗	10
5월초	토마토	모종	40
	고추		40
	가지		40
	오이		40
	애호박		40
8월 하순~9초	김장배추	모종	40
	김장무	씨앗	30
	알타리무		10
	쪽파	종구	20

섞어짓기

텃밭생명의 다양성과 함께 흙을 살리는 중요한 요소다. 텃밭 활용도 측면에서도 효율이 높다. 텃밭을 정원처럼 꾸밀 수 있다는 점도 섞어짓기의 묘미다. 텃밭의 즐거움도 배가 된다.

섞어짓기는 어렵게 따지고 잴 것도 없다. 너무 촘촘하지 않게 작물별로 섞어 심는 걸로 족하다. 햇빛 좋아하는 작물 밑에 그늘이 필요한 작물을 조합하고, 거름을 많이 먹는 작물과 적게 소비하는 작물을 섞어 심는 식이다. 이때 색깔별로 안배를 하면 꽃밭이 된다

한 작물만 심으면 그에 따른 병충해의 번성 위험이 높아진다. 작물 별로 발생하는 병과 해충도 천차만별이다. 이런 특성을 활용해 섞어 지으면 단작으로 오는 병충해 발생을 최소화할 수 있다.

여러 가지 작물을 한 이랑씩 건너 심는 방식도 있다. 배추를 한 곳에만 몰아 심지 않고 첫 번째 두둑엔 배추를 옆 두둑에는 무를 넣는 식이다.

쪽파나 대파를 곁들여도 좋다. 여의치 않으면 같은 두둑에 여러 작물을 섞어 심어도 좋다. 텃밭 수준의 크기라면 이 방법이 효과적이다.

서로 보완적인 작물을 섞어 심으면 작물의 성장과 수확 효율

을 높일 수 있다. 토양도 좋아한다. 예를 들어 콩과 작물처럼 스스로 거름을 만드는 작물 옆에다가 다비성인 옥수수를 함께 심는 방식이다. 거름을 절약할 수 있고 지력 저하도 막을 수 있다.

햇빛을 좋아하는 작물과 싫어하는 작물을 섞어 심는 방법도 있다. 햇빛 선호 작물은 위로 뻗고 반대 작물은 땅으로 기게 마련이다. 이 둘을 같은 장소에 심으면 공간 효율을 높일 수 있다. 뿌리를 깊게 내리는 작물과 얕게 뻗는 작물을 함께 심는 것도 같은 맥락이다.

섞어 심기는 흉작에 따른 피해를 줄일 수도 있다. 흉년이라해서 모든 작물이 다 망하는 것은 아니다. 그 해 기후에 따라 잘 되는 것이 있는가 하면 못 되는 것도 있는 법이다. 여러 작물을 섞어 심는 것은 흉년에 대비하는 유효한 방법이다. 섞어짓기 예는 다음과 같다.

①고추와 들깨

들깨의 독특한 향은 병해충을 막아주는 효과가 크다. 고추밭 중간중간에 심으면 고추에 기생하는 담배나방애벌레의 피해를 줄일 수 있다. 들깨를 밭 둘레에 빙 두르면 들짐승의 접근을 막을 수도 있다. 고추밭에다 심을 수 있는 공생작물로는 수수나 조, 당근, 파 등이다.

②토마토와 대파

대파도 병해충에 강한 작물이다. 향 때문이다. 토마토와 함께 심으면 병충해가 줄어든다. 토마토와 대파는 서로 뿌리를 통해 영양분을 주고받는다. 공생관계다. 토마토는 지주를 세워 위로 뻗게 하고 밑에 대파를 심으면 땅의 효율성이 높아진다.

③콩과 옥수수

콩은 뿌리에 뿌리혹박테리아를 데리고 산다. 이 박테리아가 공기 중의 질소를 낚아채어 콩 뿌리에 가둬 놓는다. 콩이 거름을 주지 않아도 잘 자라는 이유다. 콩밭에 거름을 많이 먹는 옥수수를 함께 심으면 효과적이다. 콩은 척박한 땅과 자투리 공간을 활용하기에 알맞은 작물이다.

④옥수수와 고구마

옥수수는 위로 성장하고 고구마는 땅을 기면서 큰다. 이 두 작물을 함께 심으면 땅의 효율성을 높일 수 있다. 호박과 덩굴성 콩도 어울린다. 옥수수가 지지대 역할을 해준다.

사이짓기(간작)

텃밭농사에 유용하다. 주 작물 사이에 보조 작물을 심는 방식이다. 주작물이 자라고 있는 밭 사이 또는 포기 사이에 한정된 기간 동안 다른 작물을 심는 것을 말한다.

주로 여름작물과 겨울작물을 조합한다. 생육시기가 다른 작물을 일정 기간 같은 토지에 키우는 것이 보통이다. 두 작물의 수확기는 당연히 다르다. 먼저 자라고 있는 작물을 전작이라 하고 나중에 이랑 사이에 심는 작물을 후작이라고 한다. 보통은 앞그루인 겨울작물에 여름작물이 사이짓기로 접목한다.

사이짓기는 토지의 효율성을 높이는 방법이기도 하다. 2년 3모작을 지을 수 있다. 하지만 나중에 심은 작물이 전작 작물의 그늘에 가려 생육에 지장을 받을 수도 있다.

사이짓기 유용성

- 단작 대비 땅 효율성이 높다
- 노동의 분배와 조정 용이
- 앞 작물은 뒤 작물의 성장 도움
- 기후 또는 병충해 피해 경감
- 잡초 제어가 용이하다

경운과 수확 시 난감한 경우도 생긴다. 특히 기계화 작업이 어렵다. 대표적인 예로는 맥류에 콩 또는 밭벼의 조합이다.

돌려짓기

한 작물을 같은 장소에서 이어 심으면 병이 많아진다. 이를 억제하기 위한 방책이다. 같은 작물을 계속 그 자리에서 이어 지으면 토양 속 양분은 특정 영양소만 소모된다. 토양 생태 환경이 흔들리고 병충해에 취약해진다. 작년에 작물을 괴롭혔던 병해충이 흙에서 월동 후 재차 공격하기 때문이다.

목적이 연작 피해 방지만은 아니다. 보완적 작물을 윤작함으로써 지력을 유지하고 작물의 성장을 이롭게 이끌기 위함이다. 들깨 빼낸 자리에 마늘을 심고 재차 들깨를 심는 식이다. 병해충 피해를 줄이면서 이모작 농사가 가능하다.

연작 피해는 한 작물에만 해당하는 건 아니다. 같은 과(科)에 속하는 작물은 동일하게 나타난다. 가지과인 고추, 토마토, 감자는 모양은 달라도 이어 지으면 피해를 입을 수 있다.

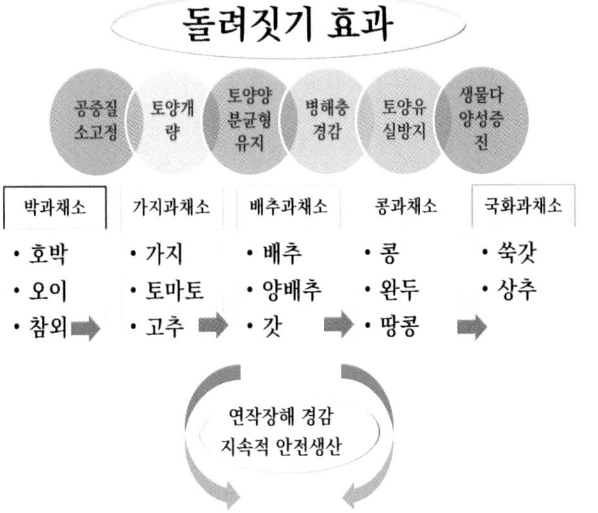

돌려짓기 효과

공중질소고정 / 토양개량 / 토양양분균형유지 / 병해충경감 / 토양유실방지 / 생물다양성증진

박과채소	가지과채소	배추과채소	콩과채소	국화과채소
• 호박 • 오이 • 참외	• 가지 • 토마토 • 고추	• 배추 • 양배추 • 갓	• 콩 • 완두 • 땅콩	• 쑥갓 • 상추

연작장해 경감
지속적 안전생산

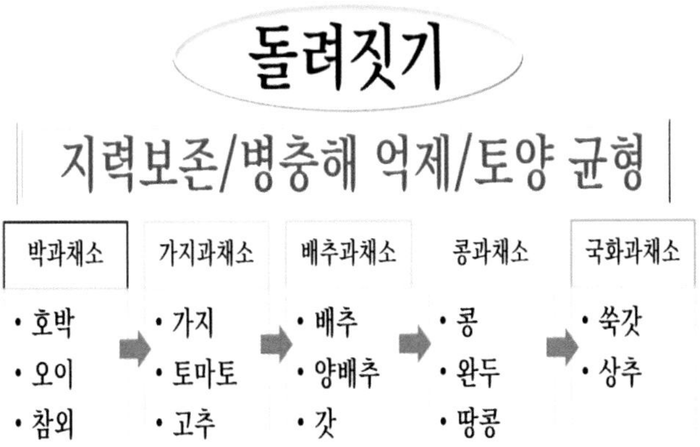

돌려짓기

지력보존/병충해 억제/토양 균형

박과채소	가지과채소	배추과채소	콩과채소	국화과채소
• 호박 • 오이 • 참외	• 가지 • 토마토 • 고추	• 배추 • 양배추 • 갓	• 콩 • 완두 • 땅콩	• 쑥갓 • 상추

섞어 짓기(혼작)

- 한 장소에서 둘 이상의 채소를 가꾸는 것

사이 짓기(간작)

- 주 작물 사이에 다른 작물을 가꾸는 것

돌려 짓기(윤작)

- 채소 수확 후 다른 작물을 가꾸는 방식

이어짓기

- 한 땅에서 같은 작물을 계속해서 가꾸는 것

작물의 식사법

작물의 영양소

작물이 자라는 데 필요한 건 물, 햇빛, 그리고 무기영양소다. 물은 채소의 90%를 차지하고 있으니 그 중요성은 말할 것도 없다. 햇빛은 광합성의 주체다. 잎의 엽록소를 통해 양분을 만든다. 뿌리가 흡수하는 무기영양소는 토양에서 얻는다. 작물 성장에 필요한 필수영양소는 16가지다.

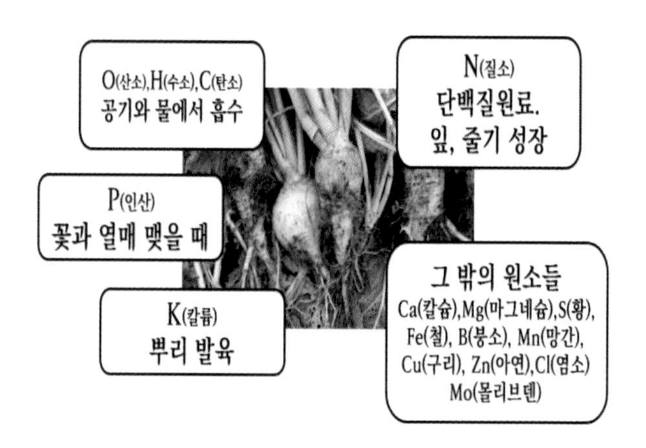

이 16가지 영양소외 타 미량 원소들은 토양미생물 개체수가 많을수록 풍성해진다. 하지만 통상의 경작지는 유익미생물의 숫자가 적어 작물이 원하는 만큼의 영양소가 공급되지 않는다. 이를 보충하는 방법이 비료 공급이다. 퇴비도 같은 맥락이다.

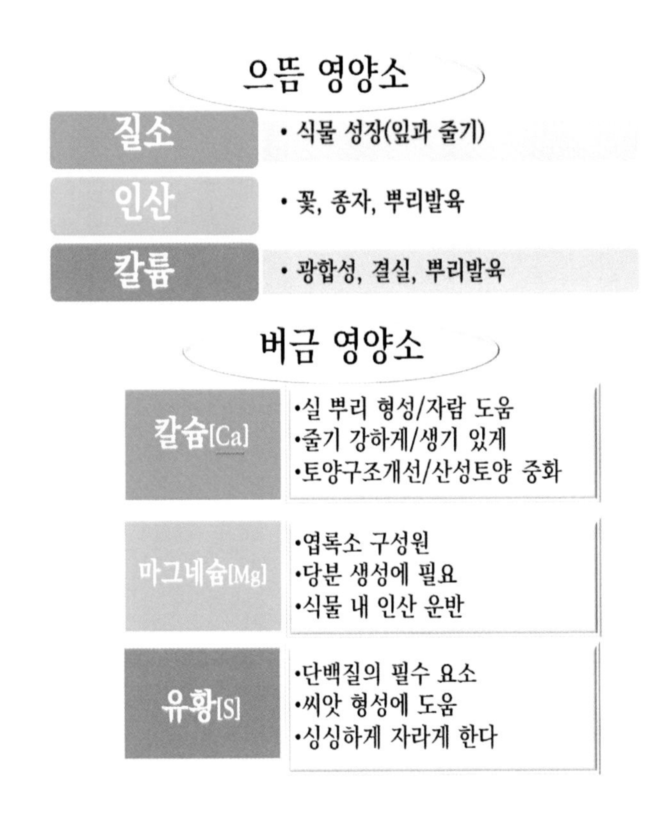

광합성

햇빛, 물, 이산화탄소가 엽록소에서 어우러지는 화학공정이다. 식물이 밥을 만드는 공식이기도 하다. 그 중에서도 햇빛이 핵심이다. 생명줄이라 할 만하다.

식물이 키를 키우거나 가지를 펼치는 이유가 있다. 한 줌의 햇빛이라도 더 차지하려는 욕망의 발로다. 살아남기 위한 본능으로 이해해도 좋다.

오이를 보자. 키를 키우는 전략으로 삶을 개척한다. 위로 잡고 올라갈 덩굴손이 필요한 이유다. 다급할 땐 곁가지나 잎을 덩굴손으로 바꾸는 묘기를 발휘한다. 햇빛 향한 집념의 발로다. 그 집념은 마디마디 오이로 분출한다. 이 얼마나 경이로운가.

그렇다고 모든 식물에게 덩굴손이 주어지는 건 아니다. 식물 생태계가 덩굴로 뒤엉키는 사태를 방지하기 위한 자연계의 선택이라 하겠다. 위로 쑥쑥 자라는 교목을 보라. 덩굴손이 없다. 그러고 보면 작물도 결대로 키울 일이다. 본능을 빼앗거나 비틀지 말자는 얘기다. 참 먹거리는 거기서 나온다. 농사도 쉬워진다.

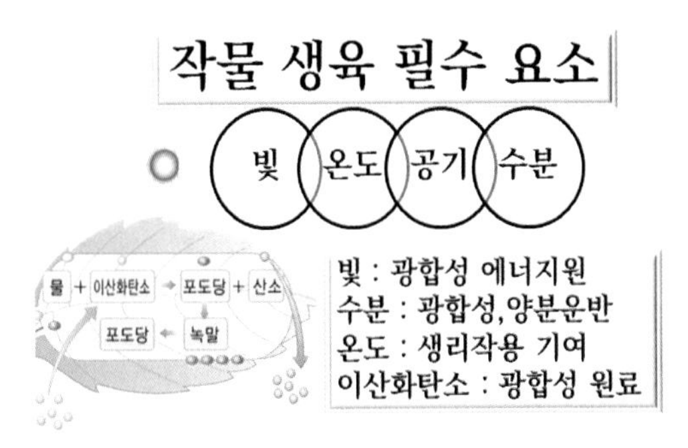

$6CO_2+6H_2O+$빛 ↔ 포도당$(C_6H_{12}O_6)+6O_2$

광합성 효율 높이기

재식거리 유인하기 가지치기 솎아주기

식물의 모든 기능은 광합성을 향해 열려있다. 삶의 본능이기도 하지만 궁극적으론 포도당을 얻기 위한 노력이다. 이런 포도당의 생산성을 높이려면 뿌리와 잎의 파트너십이 중요하다.

뿌리는 흙 속의 물을 뽑아 올리고 잎은 대기 중의 이산화탄소를 빨아들여 광합성을 합작한다. 이 과정에서도 엄지척인 공정이 있다. 바로 뿌리의 호흡이다.

동물과 마찬가지로 식물 뿌리도 숨쉬기가 왕성해야 물 펌핑 능력이 상승하는데 이는 광합성량을 증가시키는 원동력으로 작용한다. 수확량과도 직결된다. 반대로 산소가 부족하면? 광합성량이 쪼그라든다. 원인은 뿌리 기능이 부실해지기 때문이다. 뿌리가 힘을 못 쓴다는 뜻이다.

왜일까? 이유가 있다. 흙 속에 산소가 옅어지면 뿌리는 호흡이 가빠지고 뿌리에 침착된 당(糖)을 제대로 소비하지 못해 뿌리 썩음 위험이 높아진다. 이런 상태가 길어지면 뿌리는 서리맞은 풀처럼 골골 되고 물 끌어올리는 힘마저 쇠약해져 광합성과 수확량을 끌어내린다.

이런 현상은 흙이 단단할수록 현저하다. 그렇다면 대안은? 명쾌하다. 흙을 성글게 하는 거다. 부슬부슬 부드러워야 한다는 뜻이다. 여기에 퇴비는 최고의 협력자가 될 수 있다. 흙냄새 풍기는 완숙퇴비가 그 대상임은 물론이다. 퇴비는 양분 공급 역할만 하는 게 아니다. 흙 알갱이를 몽실몽실 떼알구조로 묶어 주는 탁월한 시공 능력도 겸비하고 있다.

이런 떼알구조의 흙은 통기성이 탁월해 뿌리의 들숨날숨을 편하게 한다. 당연히 뿌리의 근육이 살아난다. 광합성량은 부풀고 수확량도 따라 는다. 그러고 보면 결국은 흙이다. 숨 쉬는 토양에서 뿌리의 활력이 높아짐이 그 증거다. 흙을 살려야 하는 명쾌한 이유이기도 하다.

텃밭은 아티스트

청갓, 적갓,자생초를 뒤섞어 놓고

나비와 꿀벌을 불러 와

수채화로 담아내는 걸 보면

텃밭 그곳은

사마귀 권위가 인정되고

지렁이의 영토 넓힘도

무한정 허락되는 곳

씨앗 다루기

씨 뿌리기

광발아종자는 대부분 크기가 작다. 파종할 때 씨앗을 흙 위에 던지듯이 하고 복토는 하지 않는다. 대신 뿌리는 물의 힘에 의해 자연스럽게 흙 속으로 파고들게 한다. 고운 흙으로 살짝 덮는 방법도 있다. 덮는 흙이 두꺼우면 발아 실패 위험이 커진다. 상추가 대표적이다. 반면 암발아종자는 씨앗이 크다. 파종 후 흙을 덮어 빛을 차단해야 한다. 씨앗 크기의 2~3배로 복토한다. 강낭콩, 호박씨앗 등이 그렇다.

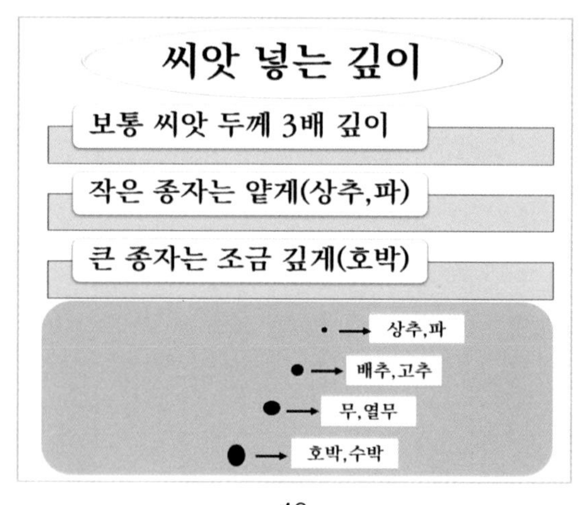

씨 뿌림 방법은 세 가지다. 점파(점 뿌림), 조파(줄 뿌림), 산파(흩어뿌림)로 구분한다.

점파는 콩, 옥수수, 무 같이 어느 정도 간격이 필요한 작물에 적용한다. 파종 자리를 살짝 파고 두세 알의 씨앗을 넣은 후 발아 하면 튼실한 한 개만 남기고 솎아낸다.

조파는 두둑에 홈을 길게 내고 홈 따라 촘촘하게 씨앗을 뿌리는 방식이다. 발아 후 수 차례 솎아가며 최종 재식 간격을 맞춘다. 열무가 대표적이다.

흩어뿌림은 포기 간격에 신경 쓰지 않는 작물에 적용하는 방식인데 시금치가 대표적이다. 넓은 면적에 적합하다. 씨앗 가격이 저렴한 게 대부분이다.

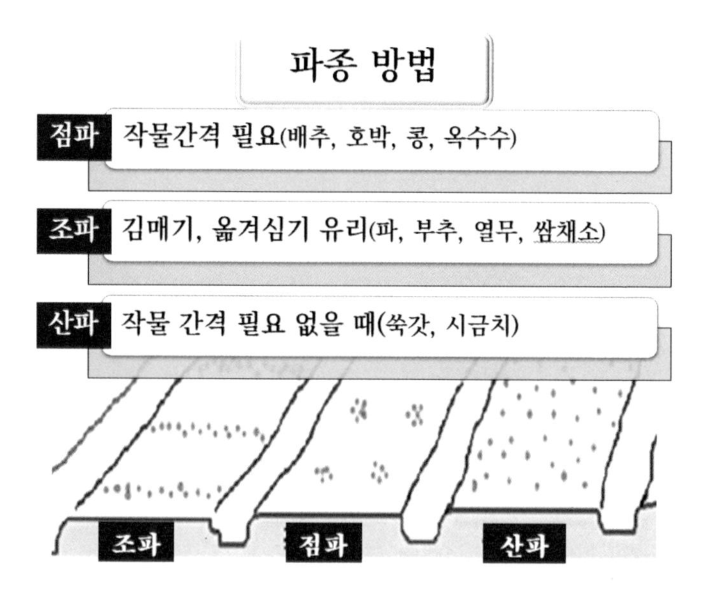

씨앗의 발아

발아란 씨앗에서 어린 눈과 어린 뿌리가 나오는 현상을 말한다. 발아하여 새싹이 지면 위로 올라오는 것은 출아다. 발아는 아무 때나 일어나지 않는다. 발아 조건이 필요하다. 세 가지 요소가 필수다.

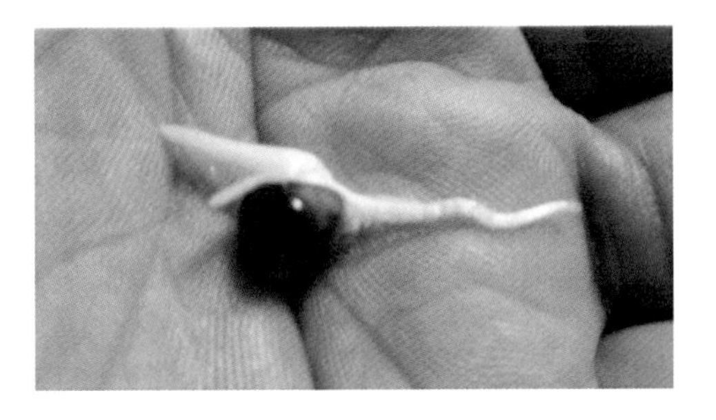

①온도

발아 최적 온도는 20~25℃ 범위다. 하지만 호박, 옥수수, 콩은 30℃에서 발아율이 좋다. 반면 상추, 시금치, 양파 등은 20℃ 이하에서 양호하다. 한여름에 상추씨를 넣으면 싹트지 않는 이유가 여기에 있다.

②수분

절대적인 요소다. 씨앗 안으로 수분이 스며들면 배와 배유가 팽창하면서 발아가 시작한다. 그렇지만 과잉의 수분은 불리하다. 산소 공급에 지장을 주면서 썩을 위험을 높이기 때문이다. 단단한 껍질에 둘러싸인 종자는 껍질에 상처를 내어 수분 흡수를 유도한다

③산소

밀봉 상태가 아니라면 산소 걱정은 하지 않아도 된다. 흙이 부슬부슬 부드러워야 하는 이유와 맞닿아 있다. 물속에 오래 잠겨도 발아하기 어렵다. 산소가 부족하기 때문이다.

씨앗 발아 조건

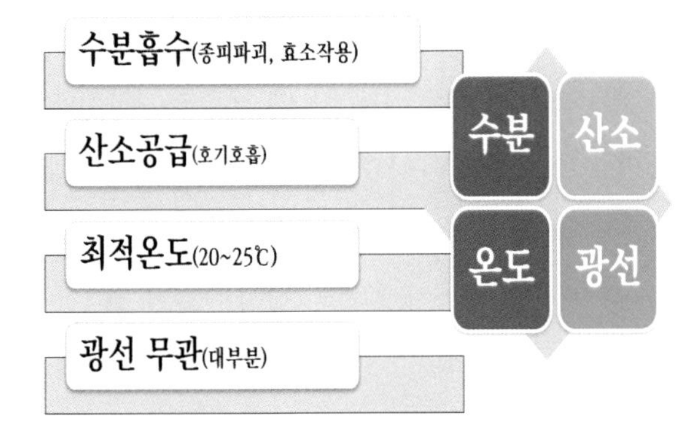

씨앗 구입 요령

채소 씨앗은 종묘상이나 인터넷으로 구입할 수 있다. 반드시 포장지 뒷면을 살펴보도록 하자. 주의사항과 포장일, 재배 특성, 재배 적기, 발아 보증기간 등이 적혀 있다. 쓰고 남은 씨앗은 다음에 쓸 수 있도록 방습제와 함께 밀봉하여 냉장보관 한다.

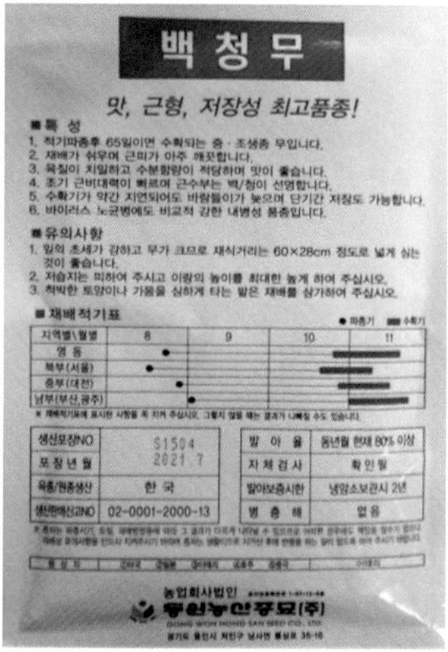

씨앗 받기

열매채소란 과실을 먹는 채소를 일컫는다. 박과 채소와 가지과 채소가 대표주자다. 이들 채소는 대부분 먹을 때와 채종할 때가 다르다. 예를 들면 이렇다. 여주나 가지는 덜 익은 상태에서 수확하여 먹는다. 채소 일생으로 보면 미성숙한 상태다. 따라서 씨앗으로 쓸 것은 미리 찜 해 두는 게 요령이다. 튼실한 열매를 골라 잘 익힌 후 채종용으로 수확한다.

토마토와 호박은 조금 다르다. 완숙된 걸 수확하므로 먹으면서 씨앗을 받도록 한다. 채종 시 껍질이 연한 토마토는 손으로도 가능하나 가지나 호박은 칼을 이용해야 수월하다. 받은 씨앗은 점액질을 없앤 후 잘 여문 것만 취한다. 충실한 종자는 물에 가라앉는다. 하지만 호박은 반대다. 물에 뜨는 씨앗을 건져 쓴다.

선별한 씨앗은 말리는 게 과제다. 신문지에 겹치지 않도록 펼쳐 놓는 방식이 좋다. 맑은 날 직사광선에 말리고 밤엔 거둔다. 적어도 이삼 일은 말려야 안심할 수 있다.

여주는 오렌지 색깔로 익어간다. 열매가 벌어지기 전에 수확한다. 씨앗은 붉은 무명실 같은 물질 안에 들어 있다. 꺼내어 물로 씻은 뒤 말린다.

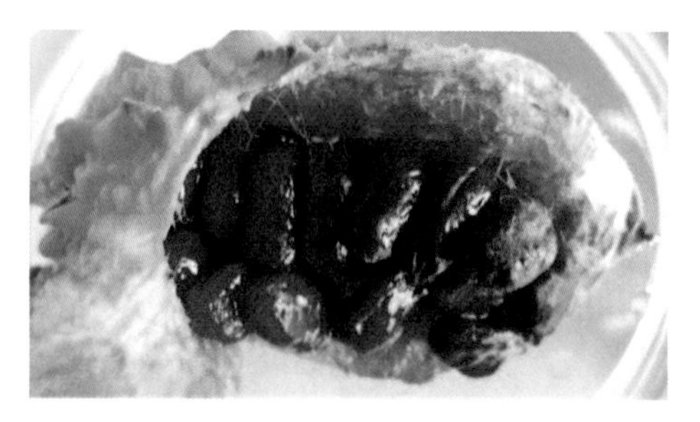

가지는 모양이 좋고 튼실한 것을 그루당 하나씩 골라 채종용으로 남겨 둔다. 검붉고 단단하게 완숙시킨 뒤 칼로 쪼개어 채종한다. 물에 가라앉은 것을 취해 햇볕에 이삼 일 말린다.

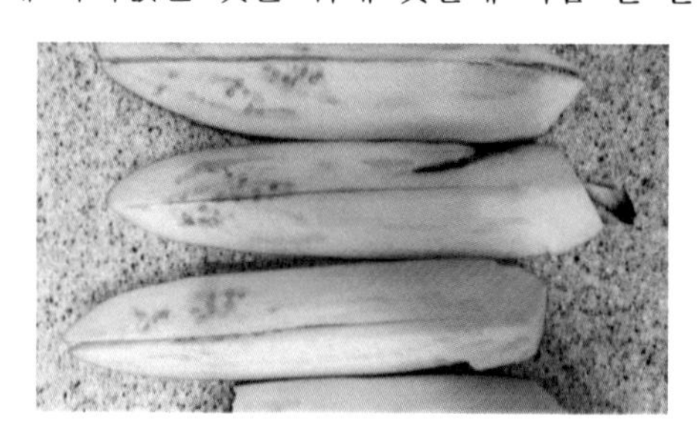

호박은 먹을 때 채종한다. 가라앉는 건 버리고 물에 뜨는 씨앗을 챙긴다. 말리는 방법은 가지와 같다.

내 씨앗 하나쯤은

F1종자가 판치는 세상이다. 불행하게도 2세를 책임지지 못한다. F2는 크기와 모양이 들쭉날쭉하다. 어떤 게 진짜 모습인지 분간하기 어렵다. 상품성도 떨어진다. 이유가 있다. F2 세대의 열성형질이 발현된 결과다. 멘델의 "분리의 법칙"이 작용한 거다.

F2 종자도 채종을 거듭해 F8세대쯤 되면 형질이 고정된다. 하지만 많은 시간과 노력이 필요한 일이다. 이마저도 막겠다는 심보가 있다. "터미네이터 테크놀로지" 기술이다. 씨앗 불임이 목적인 유전자 변형기술이다. 딱 한 번 밖에 발아하지 않는다. 싹 트는 순간 독소를 배출해 스스로 불임 종자가 되기 때문이다. 씨앗 받는 일을 허망하게 만든다. 그 종자만을 반복 구매하게 유도하는 악질적 술수다.

농업도 다국적 종묘회사에 종속되는 모양새다. 그 이후를 생각해 보자. 종자전쟁을 말한다. 왜 씨앗을 받아야 하는지 명쾌하지 않은가. 텃밭 농부가 할 수 있다. 많은 수량은 욕심이다. 딱 하나만 받자. 그 후 서로 다른 씨앗과 맞교환 하는 거다. 친구가 생긴다. 토종종자 나눔 시장도 만들자.

팁

○먹을 때와 채종할 때가 다른 것이 있다.

○완숙 전 먹는 채소는 채종용을 따로 남긴다.

○씨앗에 묻은 점액은 씻은 후 잘 말려 보관한다.

텃밭농부란

흙에서 생명을 이끌고

땀방울로 다독이며

흙의 속살에

고운 숨결 넣는 사람

모종 다루기

육묘

모든 작물을 씨앗으로 키우기는 어렵다. 특히 열매채소인 고추, 가지, 토마토, 오이 등이 그렇다. 모종으로 기르는 데만 2달 이상이 걸리고 전문 기술도 갖춰야 하기 때문이다. 4월부터 시중에 나오므로 필요한 만큼 사서 쓰도록 한다. 모종 농사가 반농사라고 했다. 그만큼 건실한 모종의 선택은 그 해 작황에 커다란 영향을 주므로 신중하게 선택한다.

모종은 옮겨 심을 목적으로 어린 모를 집약적으로 관리하며 키운다. 육묘를 하면 토지이용률을 높이는 장점도 있다. 유묘기 때부터 관리하므로 위험을 줄일 수 있고 종자도 아낄 수 있다.

육묘 방법은 작물에 따라 다르다. 씨앗으로 하는 게 대부분이나 식물 몸체 일부로 증식하기도 한다. 고구마에서 순을 길러 심거나 감자는 잘라서 씨앗 대용으로 쓰는 방식이 좋은 예다. 나무는 가지를 이용한 삽목이나 접목 기술을 적용한다. 육묘는

품이 많이 드나 여러 이점이 있다

.

○정밀한 관리와 집약적 보호가 가능하다.

○앞그루가 자라는 동안 토지의 이용도를 높일 수 있다.

○과채류는 조기육묘이식으로 수확기를 앞당길 수 있다.

○과채류와 콩은 수확량이 늘어난다.

○종자를 아낄 수 있다.

좋은 모종 고르기

좋은 모종은 아래 잎이 단단하게 붙어 있고 상부 잎은 싱싱하다. 절간 즉 마디와 마디 사이가 짧고 웃자라지 않았으며 뿌리 발달이 충실하고 균형이 집혀 있다. 모종을 뽑아보면 알 수 있다. 뿌리가 하얗게 돌돌 말려있는지 확인한다.

좋은 모종은 떡잎이 붙어있고 본 잎은 윤택이 나고 튼튼하다. 고추나 토마토는 절간이 짧되 첫 꽃이 1개가 핀 것을 고른다. 위 모든 정보를 한마디로 표현하면 이렇다. 땅딸보를 선택하자는 거다. 외모가 늘씬하게 큰 모종은 외면하는 게 좋다. 웃자랐을 확률이 높기 때문이다.

모종 색이 변했거나 늙은 것도 당연히 제외한다. 오래된 것이다. 팔려나갈 때까지 물만 주다 보니 양분이 고갈되어 노화가 심해진다.

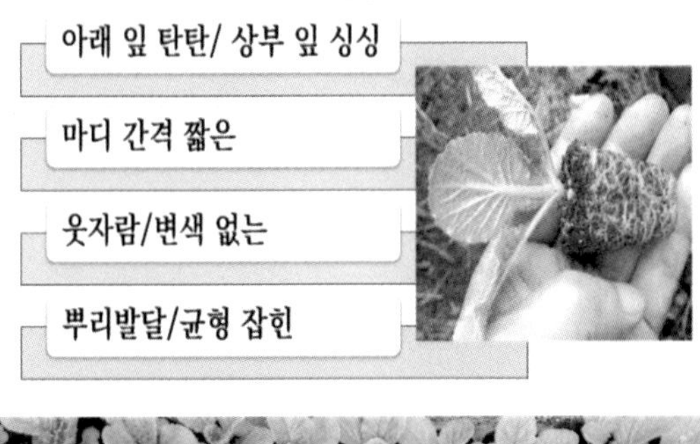

모종 심기

어린 모종은 뿌리 활착이 잘되고 적응력은 좋으나 열매 수량이 감소할 우려가 있다. 반면에 큰 모종은 뿌리 내림이 어려우나 활착 이후에는 열매 맺음이 건실하다.

여름작물 모종은 추위에 약하다. 고추, 가지, 토마토가 그렇다. 늦서리가 완전히 물러난 시기를 잡아 심는다. 중부지역은 입하(5월 초)가 안전하다.

봄 작물은 조금 늦어도 생육에 큰 차이는 없다. 기온이 계속 오르기 때문이다. 하지만 여름작물은 병충해 방제에 신경 써야 한다. 가을작물은 때를 놓치면 생육에 지장을 받는다. 늦는 만큼 수확량도 줄어든다. 추분 이후 기온이 급강하하기 때문이다.

비 오는 날엔 모종심기를 피한다. 땅의 온도가 내려가 뿌리 활착에 불리하다. 지온은 20℃ 이상이 좋다. 바람이 강한 날도 어린 모종에게는 곤욕이다. 심은 모종이 흔들려 활착하는 데 힘이 들고 이파리에서는 증산 량이 늘어나 시듦 현상이 나타난다. 가능하면 해가 쨍쨍한 날을 택하자.

심는 깊이는 모종뿌리가 감고 있는 흙의 높이와 맞추되 가능한 얕게 심는다. 겉흙의 지온이 높기 때문에 뿌리 내림에 유리하고 초기 생육에 도움이 된다. 줄기가 묻히도록 깊게 심으면 병충해 감염 위험이 커진다.

모종 심을 때 종이계란판을 활용해보자. 모종 앉힐 자리에 방석처럼 까는 거다. 심는 량이 소량인 토마토, 가지, 고추에 적용할 만 하다. 종이계란판 한 면을 가운데까지 가위로 자르고 중앙 부위를 동그랗게 뜯어낸 후 심긴 모종의 상부를 위로 빼내는 식이다.

그런 다음 종이계란판 윗면 전체를 커피찌꺼기와 상토 혼합

물로 덮도록 한다. 종이계란판이 비바람에 휘둘리지 않고 뿌리 활착 전까지 풀 자람을 억제해 모종이 좀 더 편하게 클 수 있다. 벌레와 타협하는 길이기도 하다

하지 절기 즈음에 활용하면 효과적이다. 수직으로 쏟아지는 햇볕을 받으며 자라는 풀은 고삐 풀린 망아지와 다름없다. 거기에 장맛비까지 가세하면 단박에 풀 천지로 변한다. 이때 종이계란판으로 보호받는 모종은 억센 풀의 기세에서 벗어나 뿌리 내릴 시간을 번다. 계란판의 재질은 종이다. 흙으로 돌아간다.

고구마처럼 넓은 작물 이파리를 이용할 수도 있다. 모종 밑에 방석처럼 깔면 흙탕물 튀어 오름을 막아주는 덮개 역할이 신통. 하다

최저기온에 대비하자

초봄과 늦가을에 기온 변화가 심하다. 최저 기온을 염두에 둬야 한다. 밤에 최저기온 이하로 떨어지면 어린 모종은 냉해를 입거나 서리 피해 위험이 커진다. 봄에는 늦서리, 가을엔 첫서리를 대비해야 한다.

특히 열매채소가 문제다. 어린 모종일 때 내리는 서리는 치명타다. 얼어 죽지 않았더라도 생육기간 내내 골골 병치레를 달고 산다. 곡우 지나 입하 때 심으면 안전하다. 결코 늦지 않다.

여름작물 서리 피해

씨앗이냐 모종이냐

재배 수량 및 종류에 따라 달리하되 두 가지를 병행한다. 단 초보자는 모종으로부터 시작해서 씨앗으로 발전해 나가는 게 좋다. 모종으로 키우면 일찍 수확하는 재미가 있고 씨앗은 조금 늦지만 커가는 과정까지 즐길 수 있다.

○모종이 유리한 경우

:육묘 기간이 긴 경우(고추, 토마토, 가지)

:적게 심을 경우(열매채소, 양배추)

:종자 구입이 어려울 때

:육묘 과정이 까다로운 작물

○씨앗이 유리한 경우

:직파 작물(무, 당근)

:씨앗이 싸고 여러 번 파종하는 작물(열무, 시금치)

:자가 채종해서 쓰는 작물(들깨, 조선배추, 호박, 콩)

:모종이 없는 작물(희귀종)

모종이 유리한 경우
육묘 기간 길 때
적게 심을 경우
귀한 종자일 때
발아 성공률 낮을 때
고추
가지
토마토
오이
호박
고구마
씨앗이 유리한 경우
직파 작물
씨앗 저렴
파종량↑
모종 없을 때
씨앗 구입 할 때
신용 있는 제품
발아율 높은
최근 채종한

땅심으로 짓자

농사짓기 좋은 흙

지구상에서 땅심보다 더 좋은 농사기술은 없다. 농사가 시작된 이래로 변치 않는 명제다. 특히 텃밭에서 금과옥조로 삼을 만하다. 땅심이 뭔가. 흙의 생명력과 자생력이다. 흙 스스로 양분을 풀어내는 능력이기도 하다.

땅심 넉넉한 토양은 어떤 모양새일까. 우선은 색깔이 검다. 유기물이 넉넉하고 삽으로도 푹푹 파질 정도로 토심이 깊다. 몽실몽실 떼알구조로 뭉쳐있는데다 수많은 미생물이 어우렁더우렁 협력하며 살아간다. 따뜻하고 부드럽고 푹푹하다.

둘째, 바람이 술술 통할 정도로 조금은 느슨하고 헐렁하다. 흙 속에 틈이 많다는 의미다. 뿌리도 호흡이 원활해야 자람이 좋은 법이다. 콩밭의 예를 보자. 뿌리 주변에 듬성듬성 구멍만 내도 콩 수확량이 10% 이상 증가한다. 엄지 굵기의 구멍 크기로도 효과를 얻을 수 있다. 채소밭도 그렇다.

셋째, 보수성이다. 수분을 촉촉하게 붙들고 있다가 작물이 목마를 때 내 주는 능력을 말한다. 물주는 노동력을 대폭 줄일 수 있다.

넷째, 배수성이다. 과잉의 물을 술술 빼내는 힘을 말하는데 뿌리가 물에 잠기는 시간을 최소화할 수 있다. 당연히 뿌리의 호흡을 편안하게 이끌 수 있다. 고랑 파는 노동력도 줄어든다.

다섯째, 양분 붙드는 힘이 듬직하다. 쏟아지는 빗물에도 영양분을 뺏기지 않고 작물이 배고파할 때 풀어먹이는 능력을 갖추고 있다.

여섯째, 흙의 산도(pH)가 쉽사리 흔들리지 않는다. 늘 약산성 또는 중성 수치에서 맴돌기에 작물이 마음 편히 자랄 수 있도록 한다.

이런 토양으로 가꾸자. 년 중 유기물로 덮어주는 거다. 풀이든 낙엽이든 볏짚이든 흙에서 난 생명체면 모두 가능하다. 겉흙이 보이지 않을 정도는 돼야 한다. 최소 5㎝ 이상을 추천한다.

농사짓기 좋은 흙

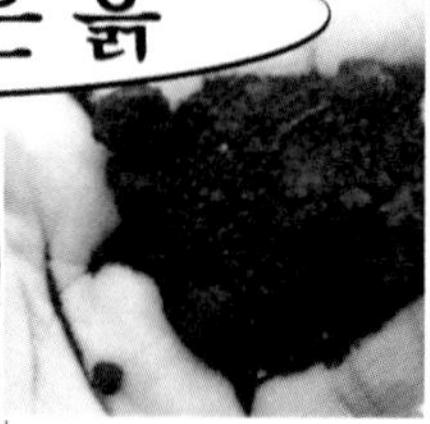

유기물 많고

깊은 토심

검은 색

떼알구조

참 먹거리는 건강한 흙에서

작물이 자라기에 좋은 흙은 떼알구조로 되어 있다. 여러 흙 알갱이가 모여 덩어리를 이룬 모양으로 많은 틈새를 갖고 있다. 물과 공기가 잘 통하는 형태다. 이런 토양에서는 식물이 뿌리를 깊고 넓게 뻗으며 튼튼히 자란다.

흙 안팎의 활발한 생명활동은 흙을 떼알로 뭉치게 한다. 나뭇잎과 풀이 시들어 땅에 쌓이고 소동물들의 배설물과 사체가 썩어 흙과 함께 버무려진다. 이렇게 생성된 유기물이 뭉쳐 이뤄 많은 틈새를 만들어내고 그 틈은 수많은 미생물들의 삶의 터전이 된다.

곰팡이, 세균, 방선균 같은 토양미생물들은 토양 속 유기물을 분해해 무기물로 변화시키는데 이 물질이 바로 작물의 필수영양소로 가 된다.

비옥한 흙은 검은색을 띄며 상쾌한 흙냄새가 난다. 방선균이 분비하는 지오스민이 그 정체다. 천연 항생성분을 품고 있어 토양 건강에 유익하다.

토양유기물 기능과 역할

유기물은 토양미생물에 의해 암갈색 물질로 변한다

이를 부식(humus)이라 하며 비옥도와 비례한다

방선균

- 세균과 곰팡이 중간
- 토양미생물의 10~50%
- 유기물 분해하며 생육
- 흙 냄새(지오스민)

유기물멀칭으로 땅심 높이기

멀칭이란 지표면을 덮어주는 행위다. 유기물이 그 중심에 있다. 유기물이란 생물유체에서 나온 것으로 토양생물들에 의해 양분으로 순환하는 있는 물질의 통칭이다.

유기물멀칭이란
작물이 자라는 토양을
유기물로 덮는 행위

궁극적으론
양분으로 순환하는

숲은 건강하다. 이유가 있다. 토양의 맨살을 드러내지 않기 때문이다. 낙엽을 덮든 풀을 키우든 꽃으로 치장하든 년 중 무엇인가로 겉흙을 감싼다.

유기물로 덮을 때 질 좋은 퇴비와 함께 하면 효과가 높아진다. 방법도 어렵지 않다. 표토에 퇴비를 얇게 깐 후 녹색유기물로 덮고 갈색유기물로 마무리 하는 식이다. 투입된 퇴비는 식물의 영양소로 순환될 뿐 아니라 퇴비 속 미생물들이 유기물의 분해를 돕는 일꾼 노릇을 톡톡히 한다.

비용과 노동력이 많이 드는 경운 대신에 토양의 부식토 함량을 늘려 그 힘으로 흙을 부풀리도록 하자. 밭갈이 대용이 될 수 있다. 부식토는 통기성 향상을 이끄는 선두주자로 우뚝하다. 물 품는 가슴도 댐처럼 깊고, 양분 보유력 또한 접착제만큼 끈끈하다. 이런 효과 모두가 유기물로 덮어준 보답물이다.

땅심을 돋구고자 한다면 흙 살리기가 우선되어야 한다. 과도한 경운과 거리를 두어야 하는 이유다. 그 대신 유기물멀칭 전략으로 바꾸자. 자연의 힘을 빌려 농사지을 수 있다

땅심 올림 4수단

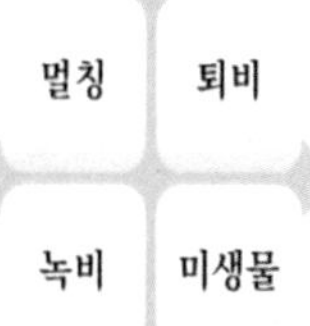

유기물멀칭이 엄지척

유기물멀칭 효과

가장 좋은 점은 비바람에 의한 토양의 유실을 막아주는 거다. 더불어 토양 속 수분 증발을 줄일 수 있고 잡초발생을 억제한다. 또한 미생물들의 서식처를 제공하여 토양의 활력이 높아지고 보온효과도 상승한다. 궁극적으로는 거름으로 순환되니 꿩 먹고 알 먹는 셈이다. 이렇듯 덮어주면 잃는 것 보다 얻는 게 많아진다.

또 있다. 건강한 토양먹이사슬 구축으로 작물이 선호하는 질소형태의 영양분을 더 많이 공급한다. 토양의 보수성과 통기성도 좋아지고 관수량도 줄일 수 있다. 흙 속의 갇혀 있는 양분을 미생물들에 의해 효과적으로 순환하니 비료도 아낄 수 있다.

○무경운 농사가 가능하다(밭갈이 최소화)

○풀 발생이 억제됨으로써 제초 노력이 준다.

○토양미생물의 활력이 높아져 점차 흙이 살아난다.

○빗물 저장 능력이 커져 가뭄을 덜 탄다.

○폐기성유기물을 순환시킴으로써 환경 부하를 줄인다.

○토양유실을 막고 토지 생산력을 높일 수 있다.

유기물멀칭 방법

생명을 일구는 텃밭에서는 다음과 같은 방법을 추천한다. 가장 먼저 해야 할 일이 있다. 두둑을 평탄하게 고르는 작업이다. 두둑을 높이거나 고랑을 파지 않아도 된다는 의미다. 두둑을 높이면 물 빠짐은 좋아지나 가뭄은 더 탄다. 재배면적도 좁아진다. 매번 갈아야 하는 어려움이 따르고 덮어 준 유기물이 흘러내리는 점도 문제다.

평평하게 정지 작업이 끝나면 곧바로 녹색 유기물로 덮되 두께는 10~15㎝정도로 한다. 꽉꽉 다지듯 덮는 게 아니다. 얼기설기 흩뜨려 놓는 방식으로 한다. 통기성을 확보하기 위해서다. 이때 퇴비를 같이 이용하면 좋다. 흙 속에 넣지 말고 지표면에 펼치거나 멀칭 위로 솔솔 소량 흩뿌린다.

녹색멀칭이 끝나면 곧바로 갈색유기물을 덮는다. 녹색유기물의 영양분이 햇빛에 의해 손실되거나 공중으로 휘발되는 것을 막기 위해서다. 갈색유기물 중 볏짚은 좋은 재료다. 볏짚도 얼기설기 흩뿌려야 통기성이 확보된다. 녹색 풀이 안보일 정도로 덮되 너무 두텁지 않도록 한다.

갈색멀칭까지 완료되면 쌀겨를 골고루 뿌려준다. 쌀겨는 미생물의 먹이가 되어 개체수를 늘려준다. 그 후 충분히 물을 뿌린다. 이때 미생물 발효액을 섞어주면 효과적이다. 부엽토를 살포해도 좋다. 일주일 간격으로 3회 실시하면 멀칭은 안정화된다.

모종을 심을 때에는 모종 들어 갈 자리만 멀칭 부위를 손으로 벌리고 구덩이를 판 다음 물을 흠뻑 준 후 심는다. 모종 심기가 끝나면 벌린 부분을 오므리지 말고 벌린 상태 그대로 놔둔다. 이유가 있다. 모종의 연약한 줄기나 이파리에 병원성 세균의 접촉을 최대한 억제하기 위함이다.

퇴비 다루기

퇴비 만들기

퇴비는 땅을 기름지게 하는 보약이다. 땅에서 난 물질 모두가 퇴비 재료다. 그 중 가장 쉽게 구할 수 게 풀과 음식물찌꺼기다. 이 두 재료로 거름 만드는 방법은 다음과 같다.

마른 풀과 음식물찌꺼기를 켜켜이 쌓고 비가 스미지 않도록 덮개로 덮으면 끝이다. 바닥은 조금 볼록하게 조성해 침출수가 고이지 않게 한다. 거름 재료를 쌓는 중간 중간 미생물 먹이(쌀겨)를 뿌려주거나 퇴비 또는 밭의 흙을 넣어 주면 효과적이다.

퇴비더미 내부가 마르거나 공기가 부족하면 미생물은 휴면에 들어간다. 발효가 멈춘다는 의미다. 보름에 한 번 꼴로 위아래를 뒤집어주면서 물을 뿌려 수분을 맞춰주고 공기의 순환을 돕는다. 계절에 따라 다르지만 보통 3개월이면 완성된다. 재료의 형태가 사라지고 검은 색으로 변하고 흙 냄새가 나면 완성이다. 퇴비는 작물 성장만을 위해서 투입하는 건 아니다. 토양의 숨통을 열고 생명농사를 선도하는 순기능이 주 목적이다. 단, 화학 비료에 버금가는 고농도 축분퇴비 사용은 경계해야 한다.

퇴비가 좋은 이유

①흙의 구조를 변화시킨다.

모래, 미사, 점토 등 흙의 구성입자들이 토양 내 부식질에 의해 몽실몽실 뭉쳐야 흙이 부드러워진다. 물과 공기가 잘 통하는 건 물론이다. 퇴비에 내재된 부식질이 그 역할을 담당한다. 토양 입자들이 제 기능을 수행하도록 도움을 주며 떼알구조로 이끈다.

②토양의 보수력을 키운다.

부식토는 일반 흙 대비 수분을 보유하는 힘이 5배나 크다. 퇴비에서 우러난 부식질을 많이 함유한 토양일수록 그 힘은 커진다. 관수량을 줄일 수 있고 가뭄에 견디는 힘도 늘어난다. 빗물에 의한 양분 용탈도 막을 수 있다.

③검은 색깔을 품고 있어 햇볕 흡수량이 높다.

땅의 온도 오름이 빨라 작물 생육을 촉진한다.

④미생물의 서식처가 된다.

토양미생물의 활력으로 유기물은 분해되고 그 결과물은 식물이 먹을 기초 영양소가 된다. 퇴비는 식물의 자람에 필요한 모든 기초 미네랄을 함유한다. 화학비료에 없는 붕소, 망간, 철분, 구리, 아연 등의 미량원소들이 풍부하다.

퇴비로부터 얻는 편익 못지않게 중요한 것이 퇴비를 만드는 사람과 자연과의 관계다. 퇴비화 작업은 인간이 땅에서 취한 것을 되돌려주는 일이다. 자연과 인간의 관계를 회복하고 더불어 살아가는 길이기도 하다.

퇴비주기

밭에 거름을 줄 때는 흙과 섞거나 덮어주도록 한다. 거름이 햇빛에 노출되면 미생물은 사멸하고 질소 성분이 날아간다 밑거름은 파종이나 모종 옮겨심기 2주전에 투입한다. 혹시 모를 가스장애를 예방하기 위해서다.

재배기간이 긴 작물 경우 자람 상태를 봐가며 중간 중간 웃거름을 준다. 작물 뿌리에 직접 닿지 않도록 골을 내어 퇴비 한 줌씩을 묻는 방식으로 한다.

발효가 덜 끝난 미숙퇴비 사용은 위험하다. 가스 피해는 물론 나쁜 병원균에 의해 농작물에 해를 입힐 위험 때문이다. 특히 시중에서 판매하는 축분퇴비는 3개월 전에 구입하여 숙성시켜 사용하는 게 안전하다.

유기질 비료의 과다 사용도 작물을 허약하게 만든다. 토양도 척박해지고 수질을 오염시키는 등 그 폐해는 화학비료와 별반 다를 바 없다. 특히 과잉의 질소를 경계해야 한다. 발암성 물질인 질산태질소가 문제다.

퇴비는 모자란 듯 주고 작물 뿌리의 힘으로 미네랄을 채우도록 유도한다. 비료로 키운 작물은 싱겁고 무르고 떫다. 작물의 고유 향미는 조금 쓰고 시고 달고 맵고 감칠맛이 어우러져 있는 게 특징이다.

커피찌꺼기 퇴비 만들기

커피찌꺼기가 넘치는 세상이다. 연간 배출량이 15만 톤이니 허풍만은 아니다. 이런 커피찌꺼기도 텃밭의 자원이 된다. 대표적인 게 퇴비로의 변신이다. 환경 부하를 줄이면서도 토양에는 보약으로 쓸 수 있다. 만들기도 쉽다. 위생적인 데다가 커피 향까지 은은해 집안에서도 혼자 할 수 있다. 준비물도 간단하고 돈도 들지 않는다.

○퇴비화 준비물

커피찌꺼기를 퇴비로 만들기 위해서는 몇 가지 준비물이 필요하다. 우선 뚜껑 달린 스티로폼을 하나 주워온다. 집에서 작업하는 데 10ℓ 크기면 무난하다. 스티로폼 상자 바닥에 여러 군데 구멍을 뚫자. 혹시 생길지 모를 과잉수를 배출할 목적이다. 뚜껑에도 듬성듬성 뚫어준다. 발열하면서 생기는 수증기를 빼내기 위해서다. 뚜껑 안쪽에 맺히는 결로 현상을 방지할 수 있다. 볼펜 두께 정도의 구멍이면 된다.

커피찌꺼기도 얻어오자. 집 주변 커피숍으로 발걸음 하면 된다. 이삼 일 전에 부탁하면 헛걸음하는 일을 없앨 수 있다.

마지막으로 챙길 게 발효 촉진제다. 퇴비 전용 발효제를 구입할 수도 있지만 텃밭에서 쓰는 일반 퇴비 한 줌으로 가능하다. 이마저도 구하기 어려우면 밭 흙 한 사발로 대체할 수 있다. 숲

속의 부엽토를 채취할 수 있다면 그 또한 유용하게 쓸 수 있다.

발효촉진제 첨가

퇴비/부엽토/밭 흙

○퇴비화 과정

퇴비화과정에서 필수 과정은 수분과 탄질률을 맞추는 일이다. 요구하는 수분 함량은 60%, 탄질률은 25 내외다. 다행스럽게도 커피전문점에서 배출되는 커피찌꺼기는 위 두 조건을 충족한다. 이런 커피찌꺼기 대부분은 손으로 쥐었을 때 촉촉하다. 그런 감촉을 수분 60%로 본다. 물론 업소마다 배출되는 과정이 다를 수 있지만 차이는 없다.

탄질율도 따로 손볼 게 없다. 커피찌꺼기 자체가 25 내외이기 때문이다. 뭘 넣고 빼고 할 것도 없이 그대로 쓰면 된다는 의미다. 참고로 탄질률이란 탄소 대 질소의 함량비를 말한다.

재료 준비가 끝났다면 이렇게 해보자. 크기가 넉넉한 용기에 커피찌꺼기를 넣고 준비한 발효촉진제 한 줌 분량을 첨가한 후 골고루 섞는다. 발효촉진제 투입량은 크게 문제될 게 없다. 10ℓ 기준으로 한 줌 분량이면 된다. 정밀하게 계량하지 않아도 된다는 의미다.

혼합이 끝나면 뚜껑을 닫고 한갓진 곳에 둔다. 보통 이틀이 지나면 따뜻하게 발열이 시작된다. 발효가 진행된다는 뜻이다. 열흘에서 보름이 지나면 발열온도는 대기 온도 수준으로 떨어진다. 퇴비더미 속에 산소가 고갈되었거나 수분 부족이 원인이다. 이런 환경에서는 미생물들의 활동을 멈춘다.

○뒤집기 작업

처음 혼합할 때 썼던 용기에 내용물 전부를 쏟고 아래 위가 골고루 섞이도록 재혼합한다. 이 과정에서 자연스럽게 산소 공급이 이뤄진다. 이때 내용물이 건조해졌다면 물을 조금씩 첨가하면서 최초의 질기로 맞춘다.

뒤집기는 보름 간격으로 3~4회 반복한다. 이 후는 발열은 나타나지 않는다. 발효가 끝나간다고 생각해도 좋다. 이후 숙성(한 달) 기간을 거쳐 사용한다.

이렇게 퇴비로 변신한 커피찌꺼기는 풋풋한 흙냄새와 함께 희미한 커피 향을 토해낸다. 안심하고 쓸 수 있다는 반증이다. 거실 화분에도 넣을 수 있고 텃밭 거름으로도 쓸 수 있다.

○커피찌꺼기 퇴비 효과

-항균력 함유로 토양병 방제 효과

-작물 생육 촉진 기여

-달팽이 퇴치 효과.

텃밭 관리

물주기

노지 텃밭일 경우 찔끔찔끔 자주 주는 것 보다 가물다 싶을 때 땅 속 깊이 스며들도록 한 번에 듬뿍 주는 게 좋다. 물주는 게 너무 빈번하면 뿌리가 게을러져 발육이 초라해진다. 한 여름에는 해 뜨기 전이나 저녁에 주고 겨울에는 따뜻한 오전에 준다.

식물은 광합성으로 먹고 산다. 뿌리로부터 공급받은 수분이 주된 원료다. 이파리에 물을 줘봤자 효용이 없다는 의미이기도 하다. 식물의 잎은 물을 흡수하지 못함을 이해하자.

지상부에서 쏟아 붓듯 주는 물은 독약이 될 수 있다. 지표면의 습도가 높아져 나쁜 곰팡이 천국이 된다. 병원균도 떼로 몰려온다.

더 큰 문제는 따로 있다. 잎에 붙어사는 유익미생물이 모두

씻긴다는 점이다. 무주공산이 되어 병충해 놀이터로 전락한다. 습관적이며 무분별한 물 주기의 병폐다.

물을 줘야 할 땐 샤워하듯 식물 꼭대기로부터 뿌리지 말고 식물 뿌리 주변을 적신다는 느낌으로 가만가만 주는 방식을 추천한다.

하지만 뭐니 뭐니 해도 뿌리에게 맡기는 배포가 최고다. 넓고 깊게 자란 뿌리가 웬만한 가뭄과 병충해에는 눈썹 까딱하지 않는 뚝심으로 발현한다. 가능하면 흙에서 난 유기물로 덮자. 풀이 좋다.

물 많이 주면
뿌리는 게을러진다

지지대 세우기

줄기가 길게 자라는 작물은 쓰러지기 쉬우므로 지주를 세우고 묶어주도록 한다. 덩굴로 자라는 작물도 마찬가지다. 지지대는 반듯하고 굵직한 나무를 써도 되고 종묘상에서 쇠붙이로 만든 제품을 구입해도 좋다.

지지대에 작물을 고정할 때는 8자 매듭 방식으로 묶어준다. 지지대는 작물과 일대일로 하는 방식과 합장 형식의 삼각지지 방식이 있다. 두 세포기마다 지지대를 박고 지그재그 식으로 끈을 둘러 고정하는 방법도 있다.

북주기

뿌리나 줄기 밑동을 주변 흙을 긁어 덮어주는 작업이다. 뿌리 호흡을 돕고 제초 작업도 병행하는 셈이다. 북주기를 하면 감자는 수확량이 늘고 대파는 연백 부위가 늘어나며 콩은 막뿌리가 많아지면서 쓰러짐이 줄어든다.

대파는 북주기가 꼭 필요하다. 연백(흰 뿌리) 부분이 많아야 상품의 가치가 높기 때문이다. 대파는 자라면서 뿌리가 흙 위로 노출되는 데 이 부분을 흙으로 덮어 햇빛을 차단하면 흰 뿌리 부분이 길어진다. 쓰러지는 것도 막을 수 있다.

당근은 몸매 전체가 주황색으로 물들어야 상품으로 인정 받는데 자라면서 윗부분이 흙 위로 올라와 햇빛에 노출되면 그 부분은 검게 변한다. 이를 막기 위해서라도 흙으로 덮어야 한다.

콩의 수량을 높이기 위해서는 키를 낮추면서 곁가지를 많게 이끄는 게 관건이다. 순치기를 해 키를 낮추고 북주기 작업으로 줄기를 짧게 유도한다. 북주기를 하면 흙에 묻힌 줄기에서 잔뿌리가 생겨 뿌리혹박테리아 성장에 이롭고 콩의 자람도 왕성해진다.

감자는 지표면 가까이에 알이 맺힌다. 몸집이 굵어지면 흙 위로 노출되는 감자가 많아는 데 햇빛 본 감자는 파래지면서 독성을 띈다. 상품성이 떨어는 건 당연하다. 북주기가 필요한 이유다. 흙 속으로 산소 공급이 원활해야 감자 알이 굵어진다.

순지르기 및 줄기 정리

열매채소는 크는 대로 방치하면 키만 멀쑥하게 크고 곁가지가 늘어나면서 이파리가 무성해진다. 영양생장에 치중해 몸집만 키운 결과다. 열매 달림은 준다. 이런 사태를 예방하기 위해 인위적으로 줄기를 정리한다. 일명 순지르기다. 영양분을 열매로 몰아주기 위한 작업이다. 작물마다 그 방법에 차이는 있다.

토마토는 한 줄로 원줄기만 키우고 줄기와 잎 사이에 나는 곁가지는 모두 따낸다.

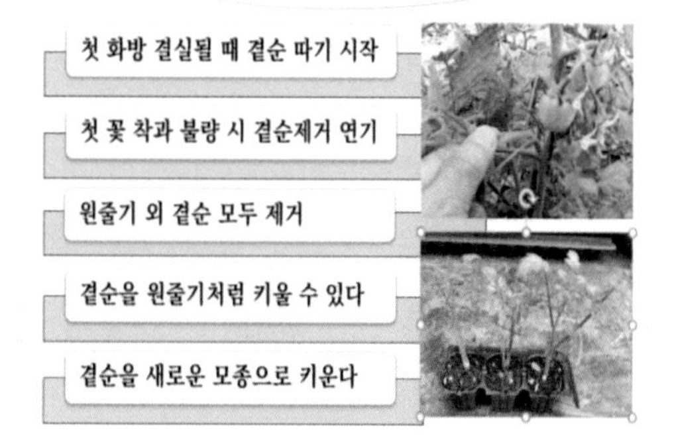

고추와 가지는 방아다리 아래에 생기는 곁순을 제거한다. 처음으로 열린 꽃과 열매는 따주는 게 좋다. 아직 어린 작물이 열매를 맺는 데 에너지를 쏟는 걸 막기 위해서다. 이후로의 열매 성장에 유리하다.

메주콩은 본 잎이 7장 나왔을 때 순을 쳐준다. 성장세를 보아가며 한두 차례 더하기도 한다. 꽃 피기 전까지다. 개화 이후엔 생략한다. 순지르기를 하면 곁가지가 많이 생기고 꼬투리 수도 증가한다. 콩의 키도 낮출 수 있어 쓰러짐이 줄어든다. 파종이 늦었거나 자람이 부족할 땐 순지르기는 하지 않는다.

호박은 마디마다 새 줄기가 나와 사방으로 뻗어나간다. 그대로 나두면 영양생장에 치우쳐 이파리만 무성해진다. 반면 열매

맺음은 저조하다. 순지르기는 4가지 방법이 있다. 원줄기와 아들줄기 하나만 키우는 방식, 아들줄기 2개를 키우는 방식, 원줄기만 키우는 방식, 방임하는 방식 등이다.

오이는 원줄기 중심으로 기른다. 손바닥 크기의 잎이 7장 출현했을 처음 다섯 마디 아래의 곁순과 꽃들은 모두 제거한다. 다섯 마디 이후 각 곁순에서 자란 아들줄기에서 오이 1~2개가 달리면 열매 위의 잎 2장만 남기고 아들 줄기의 생장점을 자른다.

참깨는 생육기간 내내 꽃이 핀다.개화 후 40일 사이에 순지르기를 한다. 맨 아래 꼬투리로부터 20번째 마디 위에 꽃 핀 부위를 자른다.

솎아주기

씨앗을 뿌릴 때는 발아율을 감안하여 조금 넉넉하게 뿌린 다음 솎아가며 최종 재식 간격을 맞춘다. 싹이 날 땐 조금 비좁은 듯해도 서로 의지하고 경쟁하며 크기 때문에 초기 성장은 더 좋을 수도 있다.

솎아주기

여러 번 나누어 하되
발아 후 떡잎이 겹쳐 웃자란 것
본 잎 2매 때 겹쳐서 웃자란 것
본 잎 5~6매 때 재식거리 맞춰

작물이 커감에 맞춰 밀식 부분을 정리해 간다. 본 잎 2장 때부터 솎는 작업을 하고 최종 한 주만 남긴다. 모양이 좋지 않은

싹부터 솎아내고 서로 겹쳐 부대끼는 싹도 뽑아낸다. 어느 정도 자란 싹은 반찬으로 해 먹는다.

풀매기

작물보다 풀의 자람이 훨씬 빠르다는 걸 늘 염두에 두자. 특히 장마 전 후로가 문제가 된다. 작물보다 키를 낮추거나 뿌리째 뽑아낸다. 작물의 성장에 지장이 없는 풀은 같이 키워도 좋다. 흙의 유실을 막아주는 동시에 가뭄 피해도 줄여준다. 풀의 뿌리는 삭아서 영양분이 되는 등 착한 역할도 한다.

베거나 뽑은 풀은 버리지 말고 그 자리에 깔아준다. 일종의 멀칭이다. 토양의 수분 증발을 막고 또 다른 풀의 성장을 억제하는 데 도움이 된다. 빗물이 튀어 오르는 걸 방지하고 미생물의 서식처가 됨은 물론 궁극적으론 삭아서 거름으로 순환한다.

뽑은 풀은 뿌리의 흙을 털고 하늘을 향하도록 뉘어놓는다. 두둑 표면이 딱딱하게 굳어 있을 땐 호미로 살살 긁어 공기 흐름을 좋게 하여 뿌리의 호흡을 돕는다. 이를 사이갈이라고 한다. 겉면이 부드러우면 빗물도 잘 스며든다.

풀은 어릴 적엔 수월하게 잡을 수 있지만 크게 자라도록 방치하면 텃밭에 갈 의욕이 꺾인다. 여름철엔 보름 만에 정글로 변하기도 한다. 거친 두벌이 꼼꼼 애벌보다 낫다고 했다. 가능하면 어릴 때 하되 쇠갈퀴로 긁어주거나 호미로 뿌리째 찍어서 제거한다.

김매기를 하면 흙 표면이 부드러워져 공기 흐름도 좋아진다. 가물 때 호미질을 해주는 이유도 다 그런 까닭이다. 두둑을 풀이나 볏짚으로 덮어주면 잡초 발생이 억제될 뿐 아니라 수분증발을 막아 가뭄을 덜 탄다.

수확

햇볕이 뜨거울 때를 피해 아침이나 저녁에 거둔다. 수확물의 온도가 높으면 시드는 속도가 빨라진다. 열매채소도 적기에 수확하자. 늦어지면 맛과 저장성이 떨어진다.

채소를 적기에 거두는 일은 중요하다. 제때 수확한 채소는 고유한 향미를 그대로 간직하고 있어 신선하면서도 영양가치가 높은 상태로 식탁에 올릴 수 있기 때문이다.

수확기 판단은 작물에 따라 다르다. 잎채소 경우 일정 크기로 자라면 거두도록 한다. 하지만 과일채소는 빛깔, 단단한 정도, 당도, 크기, 모양 등에 따라 수확 일이 차이가 난다.

상추나 치커리 등 잎채소는 일주일에 한 번 꼴로 따준다. 오전에 수확하는 게 유리하다. 한낮엔 식물체 온도가 올라 호흡량이 늘면서 시듦이 빨라지고 영양분 손질도 커진다. 쌈채소는 되도록 줄기가 말끔할 정도로 바짝 따준다. 병 감염 요인이 줄어들고 건강하게 자란다.

무나 당근은 이파리를 손으로 잡고 쑥 뽑아 올리는 방식으로 한다.

뿌리채소인 감자는 잎이 누렇게 마르면서 쓰러질 때가 수확적기다. 고구마는 첫 서리 내리기 전에 모두 거둬들인다. 흙 속에 묻혀서 잘 보이지 않으므로 삽이나 호미로 외곽부터 살살 허물 듯 캐낸다.

시금치, 열무 등은 수확 후 다듬기 노력이 필요하다. 수확 때 흙탕물이나 이물질이 묻었으면 깨끗한 물로 씻어 보관한다. 하지만 고구마, 감자, 우엉, 마 등 뿌리채소는 씻지 않는다.

과채류는 익는 대로 바로 거두는 게 좋다. 열매를 제때 수확하지 않으면 그 열매로 양분이 집중되어 뒤에 맺히는 열매들의 성숙이 지연되거나 쉽게 낙과한다.

잎채소나 뿌리채소는 완전히 성숙할 때까지 기다리지 말고 조금 어리다 싶을 때 수확해야 맛있다.

채소를 신선하게 오래 저장하며 먹는 방법이 있다. 먹기 직전까지 텃밭에서 키우는 거다. 그렇다고 무작정 오래 키울 순 없다. 수명이 있기 때문이다. 늙으면 억세져 뒷전 신세가 된다.

이렇게 하면 된다. 씨앗과 모종 농사를 병행하는 거다. 먼저 모종을 심어 수확 시기를 당기고 이어서 씨앗을 넣는 방식이다. 모종이 쇠하면 씨앗에서 출발한 채소가 뒤를 이어받는다.

씨앗도 시간차 파종을 추천한다. 배구의 시간차 공격을 응용하자. 파종 간격을 2~3주, 넓게는 2개월로 시차를 두면 신선한 채소를 순차적으로 거둘 수 있다. 오래 저장하는 효과가 따른다. 그 어떤 첨단 기기도 따라올 수 없는 기술이다.

노동력도 분산할 수 있다. 일시에 뿌리고 한꺼번에 수확하는 방식은 비용과 에너지가 집중되는 구조다. 다 먹지도 못한다. 씨앗도 넉넉하게 뿌렸다가 중간 중간 솎아 먹으면서 최종 간격을 맞추는 방식도 시도해 보자. 텃밭의 묘미다.

하지만 꼭 기억할 게 있다. 조금은 배고프고 목마르게 키우는 거다. 거름과 물을 많이 주면 성장 속도가 빨라져 일손은 두 배로 늘어나고 맛과 향은 절반으로 꺾인다. 남 주기 바쁘고 저장성도 떨어진다. 버리는 양도 비례해서 늘어난다. 텃밭농사는 양이 아니고 질이다. 일이 아니고 놀이다. 키우지 말고 자라게 하자.

고구마 수확(예)

고구마순 넣고 90일이면 수확은 가능하다. 하지만 밑이 덜 들어 수량은 떨어진다. 적기는 생육기간 120일 전후다. 단, 서리 내리기 전에 끝내야 한다. 좀 더 정확히는 기온이 9℃ 이하가 되면 서두르자. 이 후로의 생육은 미미하다.

토양 수분도 고려하자. 비 온 뒤 토양이 습한 때에 수확하면 고구마 내 수분 함량이 높아져 저장 도중 썩을 위험이 커진다. 이는 고구마의 호흡작용과도 관련이 있다. 습하면 호흡이 어려워진다. 맑은 날이 이어질 때 캐도록 한다. 수확 과정에서도 상처를 최소화 하자. 오래 저장하는 비결이다.

수확은 덩굴 걷기부터다. 낫으로 덩굴을 치면서 한쪽으로 걷어낸 후 괭이나 쇠스랑으로 두둑 옆구리부터 공략해간다. 이때도 고구마 껍질이 벗겨지지 않도록 조심한다. 그러기 위해서는 호미로 살살 캐는 게 좋다. 속도가 더뎌지는 건 감내하자.

캐낸 고구마의 몸통 아래위로 달린 잔뿌리도 너무 바짝 자르지 않도록 한다. 잘린 부위는 부패에 취약하다. 캐 낸 후 이 삼일 간 큐어링 한다. 상처부위도 아물게 하고 습기도 말리기 위해서다. 이때 쌓지 않고 넓게 펼쳐 건조시킨다. 오래 두고 먹기 위한 첩경이다.

작물별 저장법

작물	수확시기	저장방법
고구마	10월	적정 저장 온,습도 (15℃/85% 내외). 9℃ 이하 냉해 위험. 20℃ 이상이면 싹트고, 겉면이 젖으면 부패위험
생강		적정 저장 온도15℃, 10℃이하 부패위험, 18℃이상에서 싹틈
토란		5℃ 이상으로 저장(비교적 쉽다)
무	11월	얼지 않고 바람 들지 않게 비닐로 싸서 항아리에 보관
배추		뿌리째 뽑아 한 포기씩 신문지로 싸서 세워두면 보관 용이
당근		0℃, 습도 90% 조건에서 6개월 저장

텃밭의 병충해

예방과 관리

작물을 기르다 보면 병충해를 피할 수 없다. 농약으로 대처할 수도 있지만 자생력을 잃은 작물은 더욱 허약해진다. 제 힘으로 건강하게 자란 작물은 독특한 맛과 향으로 스스로 방어벽을 치거나 코팅막을 형성하여 병충해 접근을 차단한다. 처음부터 건강하게 자라도록 뿌리를 키워주고 환경조성에도 힘쓴다.

가장 좋은 방법은 흙을 살리는 것이다. 검고 부슬부슬 살아있는 흙에는 유익미생물이 많아 나쁜 병원균의 기세를 억누른다. 과도한 비료 사용이 병충해를 부추긴다는 점도 기억하자, 과잉의 질소질 비료는 단맛을 증가시켜 벌레들을 들끓게 하는 원인이 된다. 돌려짓기도 생활화하자. 같은 장소에서 한 종류만 계속해서 지으면 병충해가 창궐한다.

햇볕이 부족하고 통풍이 좋지 않으면 작물이 연약하게 큰다. 포기 간격을 충분하게 벌리도록 한다. 계절에 맞는 품종을 제때에 심되 튼튼한 모종을 선택한다. 가능하면 화학농약을 멀리 하고 천연 약재를 활용토록 한다.

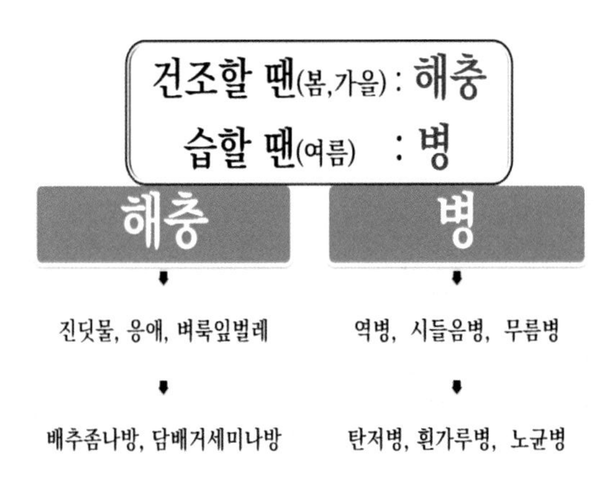

병충해 구별

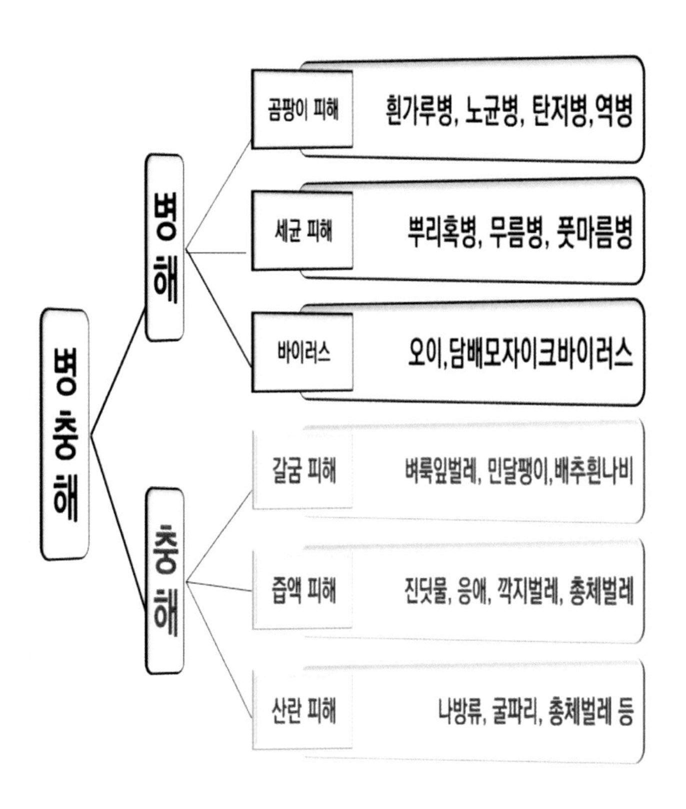
병충해
병해
충해
곰팡이 피해
흰가루병, 노균병, 탄저병,역병
세균 피해
뿌리혹병, 무름병, 풋마름병
바이러스
오이,담배모자이크바이러스
갈굼 피해
벼룩잎벌레, 민달팽이,배추흰나비
즙액 피해
진딧물, 응애, 깍지벌레, 총체벌레
산란 피해
나방류, 굴파리, 총체벌레 등

무당벌레

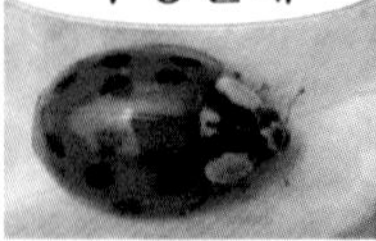

감염식물 : 가지, 감자, 토마토
감염부위 : 잎
피　　해 : 성충과 유충이 잎을 갉아먹음, 갈변, 구멍

벼룩잎벌레

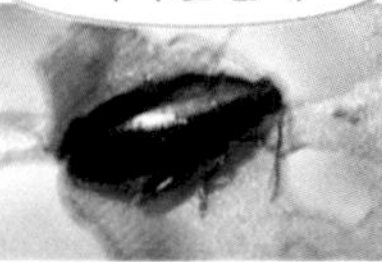

감염식물 : 배추, 열무, 양배추
감염부위 : 잎을 갉아먹음, 유충은 무 뿌리 가해, 흑부병 유발
피　　해 : 년 5회 발생, 번데기로 월동

거세미나방

감염식물 : 모든 채소
감염부위 : 어린 싹 가해
발생원인 : 고온에서 발생 빈도 높음

진딧물

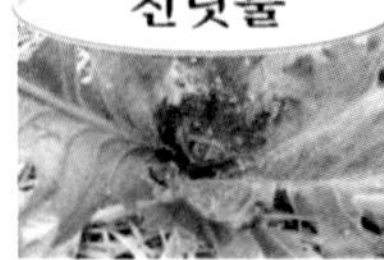

감염식물 : 모든 식물
감염부위 : 잎 뒷면이나 어린 싹(즙액, 바이러스)
발생원인 : 가뭄, 질소과잉

배추흰나비

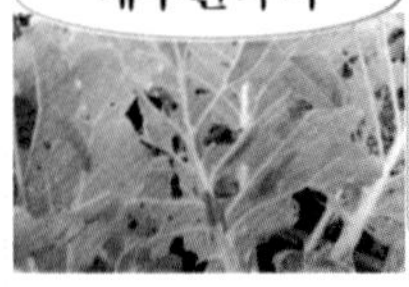

감염식물 : 배추, 무, 양배추
감염부위 : 애벌레가 잎을 뜯어 먹는다
발생원인 : 흰나비 알,선선한 날씨,가뭄

응애

감염식물 : 과실 채소
감염부위 : 잎, 뿌리, 열매
발생원인 : 고온다습,여름철, 8월 이후 발생빈도 높음

무름병

감염식물 : 배추, 무, 상추
감염부위 : 잎, 줄기, 뿌리/악취 나고 일부 또는 전체 시듦
발생원인 : 토양병원균,고온다습,질소과다

뿌리혹병

감염식물 : 배추, 무, 순무
감염부위 : 아래 잎 늘어짐, 뿌리에 크고 작은 혹 발생 후 부패
발생원인 : 낮은 온도, 잦은 비,산성토양

역병

감염식물 : 고추, 오이, 파
감염부위 : 줄기,과일,잎 등 땅에 닿는 부위에 발생/적황색 변색, 하얀 균사 발생
발생원인 : 토양병원균, 토양 과습,잦은 비

흰가루병

감염식물 : 딸기, 오이, 토마토, 고추
감염부위 : 잎, 엽병, 꽃, 화경, 과일
발생원인 : 높은 습도, 건조, 질소비료 과용, 석회 및 인산 부족 토양

탄저병

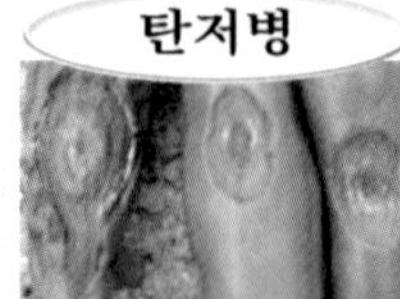

감염식물 : 고추, 오이, 호박
감염부위 : 열매, 잎, 줄기에 반점 형성, 병반 부위 움푹 파임
발생원인 : 생육기간 중 잦은 비

노균병

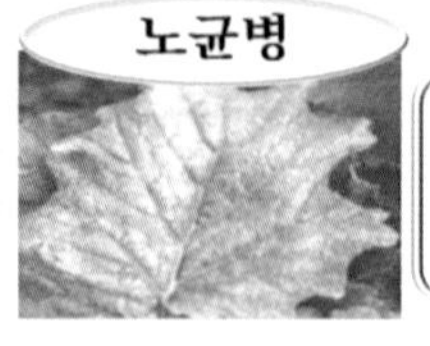

감염식물 : 고추, 오이, 호박
감염부위 : 부정형 반점 형성, 진전되면 옅은 황색
발생원인 : 밤 기온 차이 클 때, 생육불량 시

벌레 대하는 마음 가짐

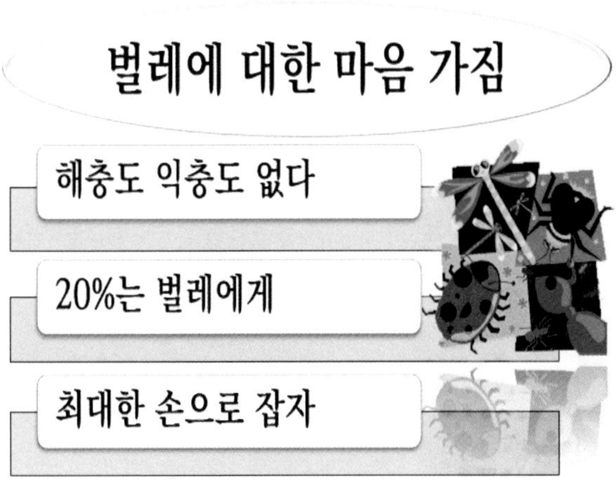

벌레에 대한 마음 가짐

- 해충도 익충도 없다
- 20%는 벌레에게
- 최대한 손으로 잡자

텃밭이란

채소와 꽃과 풀이 수채화가 되는 곳

벌레들의 숨바꼭질로 들썩이는 곳

자연이 빚은 먹거리를 연중 내주는 곳

농부 땀방울이 자양분으로 녹아 드는 곳

이웃과 정담을 풀어내는 곳

알고 보면 이로운 풀

풀을 키워야 흙이 산다

역설적이지만 풀을 키워야 흙이 산다. 토양이 입어야 할 녹색 옷이기 때문이다. 풀은 본능적으로 뿌리를 깊게 내린다. 그 힘으로 단단한 토양의 숨통은 트이고 양분과 수분의 이동 통로가 확장된다. 작물의 배고픔과 목마름을 채워주는 보급로역할을 한다.

그렇다고 무작정 키우자는 게 아니다. 관리 범위 내에서 동행하자는 거다. 이를 '잡초경합한계기간'이라 한다. 작물이 풀에 가려 햇빛과 통풍에 지장 받는 시점이다. 이때 베어서 그 자리에 덮어주면 풀과 타협이 가능하다. 이렇게 해주는 것만으로도 토양은 평온해진다.

풀씨의 발아 속도도 스스로 조절한다. 베어 누인 풀은 미생물의 서식처가 되었다가 궁극적으로는 거름으로 순환한다. 이게 풀의 긍정 효과다.

풀의 생존 전략

생명력과 번식력만큼은 알아줘야 한다. 자가수분 하는 능력이 커다란 원동력이다. 한 개체에 암술과 수술이 있어 스스로 수정하면서 번식할 수 있다. 여기에 영양번식이란 수단도 동원한다. 일종의 자기복제다. 꺾꽂이, 휘묻이, 포기나누기 등이 그 예다. 즉, 종자번식 기능을 가지고 있으면서 영양번식이 가능하다는 의미다.

휴면의 힘도 무시할 수 없다. 대표적인 게 바랭이다. 흙 속에서 2~3년은 거뜬하다. 그렇다고 단순하게 휴면만 하는 게 아니다. 싹을 틔웠다가도 환경이 불리해지면 다시 잠이 든다. 바랭이 경우 1년에 다섯 번까지 반복할 수 있다.

씨앗도 많이 맺는다. 보리가 1㎡당 400개의 씨앗을 맺는데 비해 풀은 75,000개다.

성장이 빠른 점도 장점이다. 특히 초기 성장이 눈부시다. 논의 피와 비교해보자. 발아한 피가 초장 10㎝의 벼를 보름이면 절반을 따라잡는다. 한 달이면 추월할 정도다.

흉내 내기 역량 또한 고수의 반열에 올랐다. 옆의 작물과 닮은꼴로 커가는 전략이다. 외형이 다르더라도 작물과 비슷한 시기에 씨앗을 맺고 작물 수확 때 섞여서 퍼져 나간다. 논에서는 피가 대표적이며 밭에서는 비름과 명아주가 능력을 발휘한다.

C4전략도 구사한다. 광합성효율을 높이는 방식을 말하는데 C4 식물은 악조건 하에서도 이산화탄소 흡수율을 높일 수 있다. 대부분의 작물은 C3방식이다. 이 방식이 풀의 우월성이다.

풀의 유용성

①지표면을 유기물로 덮는 효과를 낸다.

비바람에 의한 표층 유실을 억제하는 유용한 도구다. 풀로 덮인 들판이 그 사실을 입증한다. 토양미생물의 삶의 터전이자 먹잇감이며 순환하는 생태계의 근간이다.

②땅속 깊이 뿌리를 내린다.

부족한 수분과 영양분을 찾아 떠나는 여행길이다. 그 결과로 단단한 땅속 경반층이 느슨해지고 물이 통하는 수로가 생기며 공기의 흐름마저 좋아진다.

③흙 속에 있는 무기영양분을 채굴해 작물에게 제공한다.
풀은 그 대가로 작물 뿌리로부터 유기영양분을 얻는다. 이렇듯 둘은 공생관계다. 풀과 함께 하는 작물이 건강한 이유다.

④작물에게 제공하는 땅속 미네랄은 기대 이상이다.
인위적으로 공급하는 퇴비보다 다양하면서도 폭이 넓다. 사방으로 뻗은 풀뿌리가 땅속 깊이 갇혀 있는 미네랄을 채굴해 작물에게 건네기 때문이다. 풀과 함께 자란 작물의 향미가 깊고 풍부한 이유다.

⑤거미줄처럼 퍼진 풀뿌리는 미세공극 역할을 한다.
가물 땐 땅속의 수분을 끌어올리고, 장마 땐 지하로 받아들여 저장한다. 무성한 풀밭은 가뭄과 홍수가 무섭지 않다.

⑥곤충과 소동물의 보금자리다.
대부분의 벌레는 풀에서 나고 먹고 자란다. 주검의 장소이기도 하다. 그곳에서 생기는 소동물의 사체와 배설물은 작물에게 필요한 영양분으로 가공된다. 그 뿐만이 아니다. 생명을 마친 풀의 줄기와 잎은 땅 위의 유기물로 남고, 뿌리는 삭아서 작물의

영양분으로 순환한다.

⑦병충해 피해를 줄여준다.

풀은 벌레들의 중요한 먹이다. 자연 상태에서 풀은 유전적 먹이 사슬의 원천으로 작용한다. 풀 없는 밭은 벌레들이 작물한테 몰려 피해가 커진다. 보온 역할도 칭찬할 만 하다. 융단처럼 깔린 풀밭은 추위를 덜 타고 더위를 모른다. 이는 주변 작물 생육에도 긍정적이다.

땅 없다고 푸념말자

땅이 없으면 흙을 담아서

땅이 없으면 옥상으로 눈을 돌리자. 아파트 옥상은 주말농장으로 바꿀 수 있고, 학교 옥상을 텃밭으로 꾸미면 학교급식과 연계할 수 있다. 각 지자체에서 추진 중인 옥상녹화 사업에 텃밭농사를 접목시키면 농사지을 수 있는 땅이 배로 늘어나는 셈이다.

상자텃밭도 중요한 역할을 한다. 흙을 담을 용기만 있으면 된다. 나무상자나 스티로폼 박스에 흙을 채워 작물을 키우면 된다. 상자텃밭은 장소 제약에서 자유로운 편이다. 빈 공간과 어울리는 상자텃밭을 골라 설치하면 녹색교육의 장과 여가활동 공간으로 활용할 수 있다.

상자텃밭이란 텃밭 대용으로 흙을 담는 용기의 통칭이다. 크기는 한정되어 있다. 상자텃밭은 햇볕이 잘 드는 곳이면 장소를 가리지 않는다. 작은 화분부터 커다란 플랜트박스까지 공간에 맞게 설치할 수 있다.

상자 선택 시 가장 중요한 건 작물 크기에 맞추는 거다. 너무 작으면 작물이 비좁아 하고 너무 크면 공간 활용에 제약이 따른다. 스티로폼상자가 좋다. 가벼우며 보온효과도 뛰어나다. 비료포대도 가능하다. 무엇이든 흙을 담을 수 있으면 된다. 용기가 너무 크면 무거워 이동성이 떨어지는 단점이 있지만 흙을 많이 담을 수 있어 재배면적이 커진다.

큰 상자일 경우 바닥에 바퀴를 달면 이동성을 높일 수 있다. 배수는 필수다. 바닥에 반드시 구멍을 낸다. 배수구멍을 통해 흙이 빠져 나가지 않도록 조치해야 한다. 부직포 또는 양파 망을 이용하거나 신문지를 깐다.

상자텃밭용 흙은 가벼워야 한다. 주로 인공적으로 만든 배합토를 쓴다. 가볍고 물 빠짐과 통기성이 우수하다. 시판용 상토와 일반 흙을 섞어서 쓰기도 한다. 배양토는 상자에 가득 채우고 손으로 눌러주는 것이 좋다. 물을 주면 가라앉는 부분을 감안해야 한다.

상자텃밭에도 퇴비는 필요하다. 퇴비의 양은 전체 흙의 5% 수준이다. 배합토와 섞어 상자에 투입하는 방법이 효율적이다.

모종 심을 땐 모종 크기에 맞춰 구덩이를 파고 물을 흠뻑 준 후 스민 다음 심는다. 심는 깊이는 모종에 달린 흙과 지면이 일치하도록 한다.

열매채소는 지지대가 필요하다. 고추나 가지는 일자형으로, 토마토는 합장식으로 세워준다.

흙과 단절된 상자텃밭은 수분 증발이 빠르다. 속까지 흠뻑 젖도록 준다. 뜨거운 한낮은 피한다. 급격한 온도 변화로 작물에 스트레스를 준다. 아침과 저녁 시간이 좋다. 너무 메마른 상태라면 상자를 통째로 물속에 담그는 방법도 괜찮다.

상자텃밭 [이랑]

이랑이란 두둑과 고랑을 합친 농사 용어다. 그 이미지를 상자텃밭으로 구현한 제품이 바로 상자텃밭 이랑이다.

텃밭상자 이랑은 내부용량이 40ℓ이고 몸통 양쪽에 탈부착이 용이한 5ℓ들이 물그릇 두 개가 장착되어 있어 물 관리 걱정을 줄인 점이 특징이다. 물통 안에서는 수생식물도 키울 수 있어 용도의 확장이 가능하다.

상자텃밭 이랑은 윗면이 부드러운 능선을 닮아 시각적으로도 유연하며 지형에 맞게 다양한 연출이 가능한 점도 큰 매력이다.

아래 사진은 상자텃밭 이랑의 현장 시공 사례다. 노지 텃밭 정면에 일렬로 놓인 상자텃밭 이랑은 새로운 물결인 듯 이채롭고 휘돌려진 모습은 여인네 허리처럼 부드럽고 유연하다. 회색에 갇힌 도심에 녹색으로 숨통을 열어 줄 상자텃밭 이랑은 특

허출원과 함께 상품화되었다.

마대자루로 고구마 키우기

고구마는 키우고 싶은데 심을 만한 곳이 마땅치 않다면? 포기하지 말자. 대안이 있다. 마대자루에 흙 담는 노력이면 충족할 수 있다.

이렇게 하자. 반 가마니쯤 들어가는 쌀자루에 흙과 잘 삭은 퇴비를 조금 섞어 가득 채우자. 일종의 자루텃밭이다. 흙 담은 자루는 눕히거나 세워서 모양을 낼 수도 있다. 그런 다음 사방으로 구멍을 내 고구마 순을 찔러 넣으면 고구마 농사는 시작한 거다.

이때 흙 담긴 자루 전체를 밀짚으로 두르고 지붕을 얹으면 썩 괜찮은 소품으로 탄생한다. 아이들 체험용으로 인기다. 햇볕 좋은 장소에 두는 건 기본이다.

고구마 순이 뿌리 활착까지는 몸살을 하면서 비실거리겠지만 그것도 잠시다. 뿌리만 내리면 고구마 잎은 무수히 돋아난다. 시간이 흐르면 마대자루는 자연스레 녹색 외투를 걸친다.

이렇게 될 때까지는 틈틈이 물주는 품은 들여야 한다. 땅과의 단절로 수분 공급이 차단되기 때문이다. 10월이면 웃을 수 있다. 무성했던 고구마 줄기를 걷어내고 마대자루를 허물자. 자루 속은 그야말로 흙 반 고구마 반이다. 입이 귀가에 걸리는 순간이다.

아이들하고 함께 하면 멋진 추억을 심게 된다. 땅이 없는 어린이집이나 경로당이 제격이다. 햇볕 잘 드는 골목길에도 진열하듯 놓아보자. 사진 찍을 명소가 된다. 재미는 보장한다.

농사란
자연의 순리에 농부의 감성을 보태
일구는 농생명 운동이다.

농부가 할 일은
땅심 돋우기, 씨 뿌리기, 김매기,
거두고 저장하기, 씨앗 받기, 이게 다다.

나머지는 자연의 몫이고
과학적 기술은 곁들이는 정도면 족하다.
텃밭농사의 방향으로 삼자.

절기와 텃밭농사

절기와 동행하는 텃밭농사

농사는 절기에 맞춰 지으면 실패할 일이 줄어든다. 약간의 늦고 빠름이 있을 뿐 계절은 어김없이 찾아와 생명을 부추기기에 하는 소리다. 봄과 여름 농사는 여유롭게 준비해도 좋다. 따뜻한 날씨가 9월까지 이어진다. 하지만 가을과 겨울 농사는 때를 놓치지 않는 게 중요하다. 급속히 추워지는 날씨에 작물의 성장이 대폭 느려지거나 멈추기 때문이다.

봄 농사를 시작할 땐 늦서리를 조심하자. 기상 이변이 심해 4월 말에도 서리가 내릴 수 있으므로 너무 서두르지 않는 게 좋다. 특히 추위에 약한 열대성 작물은 입하(入夏) 절기에 시작해도 늦지 않다. 고추, 토마토, 가지가 대표적인 작물이다. 냉해 피해는 생육장애를 동반하거나 대부분 고사한다. 농사는 여유로움이 필요하다. 조금 늦게 심는다고 수량이 크게 주는 것도 아니니 자연의 흐름을 따르도록 하자.

봄 절기(2월~4월)는 입춘, 우수, 경칩, 춘분, 청명, 곡우가 있다. 이 시기에는 잎채소와 감자, 강낭콩과 완두콩을 파종한다.

여름 절기(5월~7월)는 입하, 소만, 망종, 하지, 소서, 대서가 포함된다. 고추, 토마토, 가지 등의 열매채소와 참깨, 들깨, 백태, 서리태를 파종한다.

가을 절기(8월~10월)는 입추, 처서, 백로, 추분, 한로, 상강이다. 처서 즈음에 배추, 무, 갓, 쪽파를 심고 상강 전후로 마늘과 양파를 심는다.

겨울 절기(11월~1월)는 입동, 소설, 대설, 동지, 소한, 대한이다. 노지 경작은 어렵다. 땅도 농부도 휴식기간이다. 겨울은 지력을 올리는 절호의 기회다. 퇴비와 함께 농사부산물로 두둑 전체를 덮어준다.

계절	절기	특징	계절	절기	특징
봄	입춘	봄의 시작	여름	입하	여름의 시작
	우수	봄비가 내리고 싹틈		소만	본격적인 농사철
	경칩	개구리가 깨어 남		망종	모내기,보리 베기
	춘분	낮이 길어지기 시작		하지	낮이 가장 긴 시기
	청명	봄 농사 시작		소서	더위 시작
	곡우	윤택한 비가 내림		대서	가장 더운 시기
가을	입추	가을의 시작	겨울	입동	겨울의 시작
	처서	풀의 기세가 꺾임		소설	얼음 얼기 시작
	백로	이슬이 맺힘		대설	큰눈이 내림
	추분	밤이 길어지기 시작		동지	밤이 가장 긴 시기
	한로	찬 이슬 맺힘		소한	가장 큰 추위
	상강	서리가 내림		대한	겨울의 막바지

절기의 이해

절기는 양력 기준이다. 이번 기회에 음력이라는 오해는 거두자. 대부분의 명절을 음력으로 쇠다 보니 그 영향이 큰 듯하다. 절기란 365일을 보름 간격으로 나눠 24등분 하고, 각 꼭지마다 명칭을 붙여 만든 것이다. 동지를 기준으로 한다.

절기는 크게 기절기, 입절기, 교절기, 극절기로 나눌 수 있다. 이렇게만 정리해도 이해하기 쉬워진다.

○기절기 : 춘분, 하지, 추분, 동지(기본 골격)

○입절기 : 입춘, 입하, 입추, 입동(계절 문턱)

○교절기 : 우수, 경칩, 소만, 망종(계절 교차)

○극절기 : 소서, 대서, 소한, 대한(계절 절정)

이를 도표화하면 돋보기를 댄 것처럼 훤해진다. 절기는 한 달에 2개씩 자리 잡는다. 초순과(5일 경) 중순에(20일 경)에 하나씩이다. 보름 간격이라 할 수 있다. 12달을 이런 방식으로 쪼갠다. 해마다 하루쯤 차이 나는 건 일 년이 365일이기 때문이다.

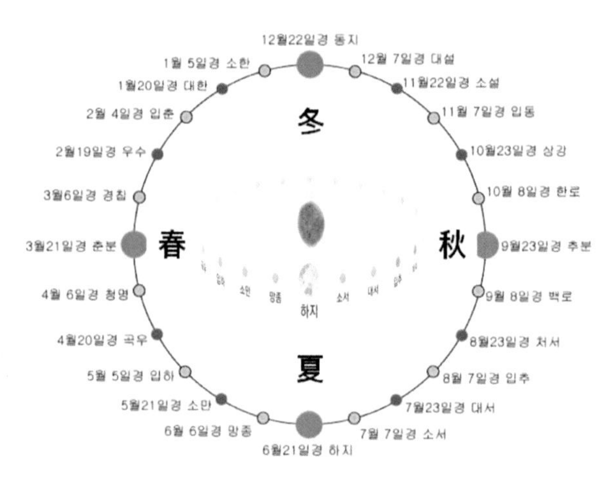

절기별 농사속담과 농사정보

농사속담

양력2월(입춘/우수)

우수 뒤에 얼음같이

- 봄기운 돌고 초목이 싹트는 시기. 우수 지나면 따뜻해진다는 의미.

입춘안에 보리뿌리 셋이면 풍년

- 입춘 기간에 보리 뿌리를 캐서 한 해 농사의 길흉을 살피는 풍습. 둘이면 평년작,한 개 이하면 흉년

농사정보

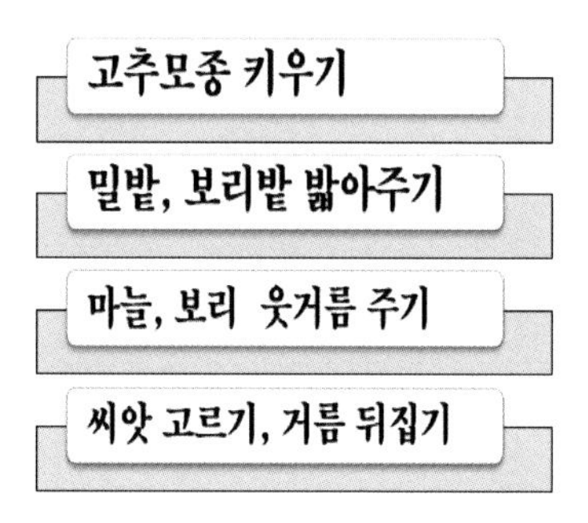

농사속담

양력3월(경칩/춘분)

입춘 전 가새보리 춘분에 알아본다

- 봄기운 돌고 초목이 싹트는 시기. 우수 지나면 따뜻해 진다는 의미.

마늘 밭 불은 이른봄에 지른다

- 입춘 기간에 보리 뿌리를 캐서 한 해 농사의 길흉을 살피는 풍습. 둘이면 평년작,한 개 이하면 흉년

농사정보

- 남새씨앗 넣기
- 열매채소 씨앗 넣기
- 감자심기, 씨고구마 묻기
- 밭 정리, 농기구 손질하기

농사속담

양력4월(청명 /곡우)

한식에 비 오면 개불알에 이밥 붙는다

• 봄비가 충분하면 개에게도 쌀밥이 갈 정도로 풍년 든다는 뜻

봄비 잦으면 아낙네 손이 커진다

• 봄비가 내리면 풍년이 들어 아낙들의 인심이 후해진다는 뜻

농사정보

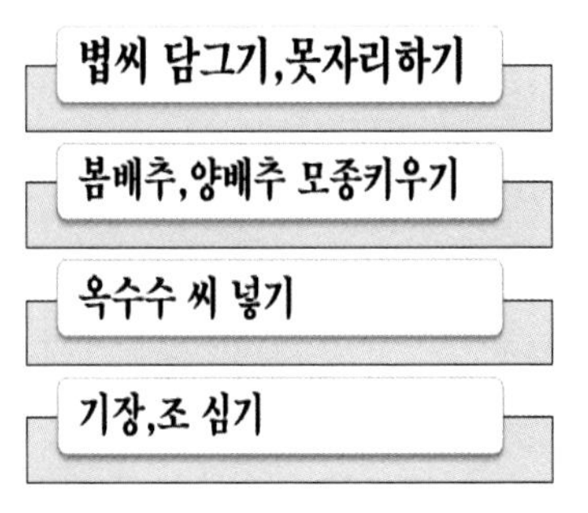

농사속담

양력5월(입하 /소만)

가지꽃과 부모말은 허사가 없다

• 가지꽃은 결실율이 높아 부모 말씀처럼 버릴 게 없다는 뜻

오뉴월 하루 놀면 동지섣달 열흘 굶는다

• 가장 열심히 일해야 할 시기라는 뜻

농사정보

- 열매채소 모종심기
- 옥수수 심기(일주일 간격)
- 들깨, 참깨 심기
- 수수, 서리태 심기

농사속담

양력6월(망종 /하지)

소 침이 묻어야 콩 풍년 든다

- 소가 콩의 순을 뜯어먹으면 순치기 효과가 나 수량이 는다는 의미

불 때던 부지깽이도 거든다

- 씨뿌리기,보리베기, 모내기가 이어져 매우 바쁘다는 의미

농사정보

- 고추, 가지 곁순 따기
- 보리, 밀 베기
- 들깨 모종, 메주콩 심기
- 감자 캐기, 완두콩 수확

농사속담

양력7월(소서 /대서)

콩 종아리 묻으면 된장 걱정 없다

- 북주기를 통해 콩의 수확량을 올릴 수 있다는 의미

소서 모는 지나가는 나그네도 거든다

- 제때에 모내기를 해야 수확이 알차다는 의미

농사정보

- 북주기
- 메밀 심기, 봄 당근 수확
- 곡식, 열매채소 거두기
- 김장밭 준비하기

농사속담

양력8월(입추 /처서)

처서에 비 오면 천 석을 던다

- 잘 지은 벼농사 비 때문에 망친다는 의미

벼 크는 소리에 개 놀라 짖는다

- 벼 자라는 속도가 빨라 귀 밝은 개는 알아들을 정도라는 의미

농사정보

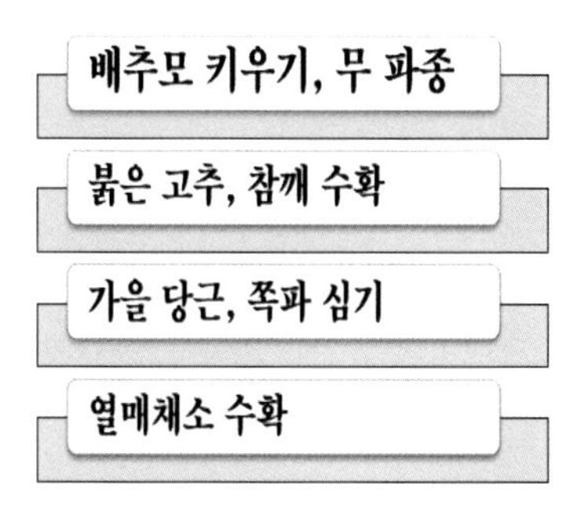

농사속담

양력9월(백로 /추분)

백로까지 핀 꽃은 효도한다

• 시월말까지 붉은 고추를 따면 돈이 된다는 의미

새머리털 빠지면 벼알 등 터진다

• 뜨거운 햇볕이 알곡을 알차게 채운다는 의미

농사정보

- 고추말리기,김장작물 돌보기
- 조,기장,녹두,콩 수확하기
- 벼 수확준비,밀 파종 준비
- 묵나물 말리기(깻잎,가지)

농사속담

양력10월(한로 /상강)

한로,상강에 겉보리 간다

- 보리 파종 시기로 상강 전에 마쳐야 한다는 의미

새벽 풀 한 짐 가을 나락 한 섬

- 새벽에 베어 온 풀로 거름을 만들어 논에 내면 소출이 는다는 의미

농사정보

- 벼 베고 탈곡, 보리 심기
- 고구마, 생강 캐기
- 양파, 마늘 심기(씨앗 받기)
- 곶감 말리기, 밤 줍기

농사속담

양력11월(입동 /소설)

가을 무 두꺼우면 겨울이 춥다

- 두꺼워지는 무 껍질을 보고 추위를 예견했다는 의미

입동 전 보리씨에 흙먼지만 날려 주소

- 입동 전에 보리 파종을 마쳐야 한다는 의미

농사정보

- 서리태 수확, 무 저장
- 마늘, 양파 덮어 주기
- 무청,시래기 엮어 말리기
- 김장하기, 메주쑤기

농사속담

양력12월(대설 /동지)

동지 지나면 푸성귀도 새 마음 든다

- 새해 맞이 마음 가짐에 대한 은유적인 표현

겨울 눈은 보리 이불

- 눈이 보리를 덮으면 보온 역할을 해 동해 피해가 준다는 의미

농사정보

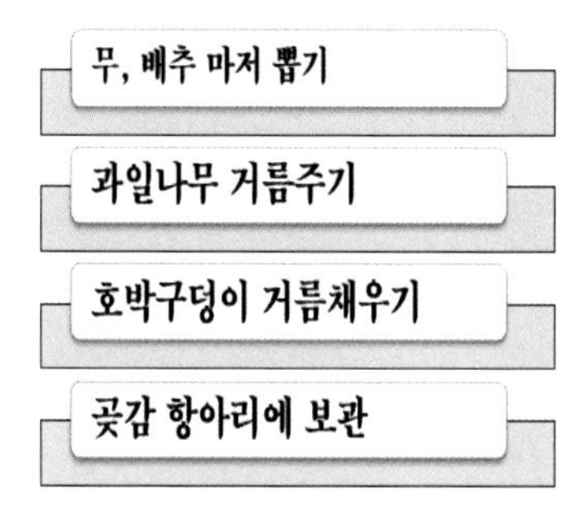

농사속담

양력1월(소한 /대한)

숟가락도 납 집에서 설 쇠면 서러워 운다

• 돈도 꾸지 않으며 연장도 빌려주지 않는다는 의미

섣달 그믐엔 나갔던 빗자루도 돌아온다

• 빌렸던 남의 물건을 모두 돌려주라는 의미

농사정보

- 가축우리 돌보기
- 엿기름 싹 틔워 말리기
- 옷감 물들이기
- 동동주 빚기

친환경제제

난황유

식용유를 계란노른자로 유화시킨 현탁액으로 병해충의 예방 및 방제 목적으로 이용하는 유기농 작물 보호제이다. 난황유는 병원균의 세포벽을 파괴하고 해충의 호흡과 대사를 억제하는 효과가 있다. 흰가루병, 노균병, 진딧물(응애) 예방 및 치료에 효과가 있다. 계란노른자는 유화제로서 식용유와 물을 잘 혼합시키는 역할을 한다.

○준비물

①식용유(카놀라유, 콩기름, 해바라기유)

②계란노른자 1개

③소형 혼합기(믹서)

※마요네즈를 물과 희석해서 사용해도 효과가 있다.

○제조 및 사용방법

①계란노른자 1개와 식용유 60㎖를 혼합한다.

②난황유 원액은 물 20리터에 사용할 양이다.

③분할 사용하려면 난황유 원액을 냉장 보관한다.

④작물 전체가 흠뻑 젖도록 충분하게 살포한다.

⑤예방은 10일, 치료는 3일 간격으로 수 회 반복한다.

⑥햇볕 강한 시간대는 피한다. 아침이나 저녁이 좋다.

⑦기준 농도를 준수한다.

난황유 만들기

재료별	병 발생 전(0.3%)		병 발생 후(0.5%)	
	1말(20리터)	25말(500리터)	1말(20리터)	25말(500리터)
식용유	60㎖	1500㎖	100㎖	2500㎖
계란노른자	1개	15개	1개	15개

난각칼슘

계란껍질은 훌륭한 칼슘 원료 소스다. 식초에 담그면 칼슘이 녹아 나온다. 이를 칼슘영양제로 이용할 수 있다. 일명 난각칼슘이다. 계란껍질은 아무리 곱게 빻아도 작물이 흡수하지 못한다. 마른 계란껍질 100g에 식초 200g을 준비한다. 윗면이 넓은 용기에 계란껍질을 먼저 넣고 식초를 부으면 수 분 내에 부글부글 끓어오른다. 화학반응 때문이다. 물과의 희석 비율은 500:1이다. 작물 잎에 분무하는 게 효과적이다. 토마토, 고추 성장기에 사용한다.

난각칼슘 만들기

준비물 : 계란껍질(100g) + 현미식초(200g)

은행잎

은행나무가 병이 없고 벌레도 꿇지 않는다는 데서 착안한 제제다. 만드는 방법도 간단하다. 은행잎(초록색)을 믹서에 넣고 갈아 걸러서 사용한다. 희석비율은 물과 1:2 수준이다. 작물에 뿌려주면 벌레 기피 효과를 얻을 수 있다. 농도장해 염려도 덜하다.

은행잎 활용하기

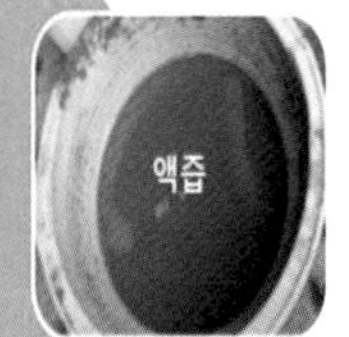

물과 희석해서 살포한다

바닷물(천일염)

바닷물에는 각종 미네랄이 풍부하게 녹아 있다. 뿌려주면 작물을 건강하게 하고 향미를 높인다. 상황에 따라 희석 비율을 달리하되 농도 피해를 조심해야 한다.

최소 30배 이상 희석해서 쓴다. 바닷물 구하기 어렵다면 천일염을 사용한다. 물에 녹여서 액비처럼 쓰거나 소금을 작물 주변에 뿌린 후 물을 뿌려도 좋다. 비 오기 전날도 괜찮다. 물 20ℓ에 천일염 20g정도의 비율을 추천한다.

목초액

참나무를 태울 때 발생하는 연기를 액화시켜 만든다. 특유의 목재 탄 냄새가 벌레의 접근을 막아준다. 강산성을 띄므로 사용 시 조심해야 한다. 물과 500배로 희석 사용한다. 물뿌리개나 분무기에 담아 작물에 직접 살포 한다. 작물의 생육을 돕는 효과도 있다. 벌레 피해가 심한 경우 200배까지 사용이 가능하다.

자연의 힘을 빌려 농사 지으십시오

퇴비를 돈 주고 사지 마십시오

병해충에 강한 품종을 택하십시오

입으로 농사짓지 마십시오

농기구 사용법

농기구이름/사용법

손바닥만 한 텃밭농사를 짓더라도 기본적인 농기구는 필요하다. 호미, 낫, 삽, 괭이, 쇠스랑, 쇠갈퀴, 호구, 모종삽, 전지가위 등이다. 이 중에서도 호미만큼은 반드시 챙기자. 텃밭일 대부분을 담당한다. 모종심기, 골타기, 풀매기가 대표적이다. 농기구는 가능하다면 좋은 것을 구입 해 오래 쓰도록 한다. 대장간에서 만든 도구가 쇠가 좋고 날이 튼튼하다.

농기구를 취급할 땐 안전사고에 유념하자. 괭이나 쇠갈퀴와 같은 농기구는 자신의 신체와 길이를 맞추고 허리를 편 상태로

작업한다. 작업이 끝나면 농기구에 묻은 흙을 털고 녹슬지 않도록 물기를 없앤 다음 보관토록 한다.

농기구를 아무렇게나 내던져두는 건 대단히 위험하다. 풀과 작물로 무성해진 밭에서 몸을 숨기고 있는 농기구는 지뢰와 다름이 없다.

호미는 우리나라밖에 없는 농기구로써 쓸모가 기특한 도구다. 텃밭일은 호미가 다한다고 해도 과언이 아니다. 김매고, 북주고, 골타고, 모종용 구덩이를 파는 등 팔방미인이다. 호미는 끝이 뾰족한 걸 고르되 텃밭에서는 너무 크지 않은 걸 택한다. 김매기 할 땐 한 손으로 풀을 잡고 호미로 풀 밑동을 찍어가면서 뿌리까지 뽑도록 한다.

삽은 구덩이를 파고 두둑을 올리며 흙을 깎아낼 때 쓴다. 삽 뒷면으로 흙을 다지기도 한다. 삽질할 땐 팔 힘만으로는 한계가 있다. 허리를 꼿꼿하게 세우고 허벅지 힘을 이용한다.

삽괭이는 고랑을 내고 두둑을 만들 때 쓴다. 흙을 걷어 올릴 땐 삽괭이를 길게 잡고 한 쪽 모서리날로 슬슬 긁어 올리는 식으로 작업한다.

쇠스랑은 딱딱하게 다져진 흙을 부술 때, 뿌리나 박힌 돌을 캐낼 때 사용한다. 쇠스랑을 길게 잡고 머리 위로 들어 올렸다가 쇠스랑날의 무게로 떨어뜨린다. 그래야 힘이 덜 든다. 곡괭이 사용법도 같다.

쇠갈퀴는 씨 뿌릴 밭을 편편하게 고르면서 잔가지나 큰 돌을 골라낼 때 유용하고 모종삽은 모종을 뜨거나 옮겨 심을 때 사용한다.

낫은 두 종류가 있다. 풀낫은 풀베기 전용으로 가볍고 날렵하다. 나무낫은 무겁고 날 등이 두꺼우며 기역자로 꺾어진 부분에도 날이 있다. 나무 잔가지를 쳐낼 때 유용하다. 낫 길이가 짧은 부추낫도 있다. 작물의 밑동을 벨 때 쓰며 작물 사이에 난 풀을 제거할 때도 편리하다. 낫질할 때 오른손잡이는 오른발을 앞으로 내고 왼발을 뒤로 두는 자세가 안전하다.

텃밭의 물은 물뿌리개로 천천히 주는 게 좋다. 물뿌리개는 물 나오는 꼭지 구멍이 잘 뚫려 있고 찌꺼기를 걸러주는 망이 있는 것으로 장만한다.

호미 예찬

호미. 농부라면 누구나 간직하고 있는 대표 농기구다. 우리나라고유의 장비이기도 하다. 텃밭농사에서도 호미의 효용성은 친찬할 만 하다.

○씨앗을 뿌리기 위해 골을 낼 때
○모종을 심기 위해 구덩이를 팔 때
○감자나 고구마를 캘 때
○북주고, 잡초 제거할 때

이게 다가 아니다. 더욱 심오한 과학이 숨어 있다. 가물수록 호미질을 한다는 점이다.

작물생육에 있어서 수분의 중요성은 상식이다. 물 공급시설이 없는 텃밭에서 가뭄이 길어지면 흙 속의 수분이 부족해지고 목마른 작물은 생육을 멈춘다.

토양에 갇혀있는 물이 증발하는 이유는 흙 속의 모세관을 통해 수분이 빠져나가기 때문이다. 이럴 때 흙 표면을 호미로 긁어 주면 가뭄을 덜 탄다. 모세관수로가 끊겨 수분증발이 차단되기 때문이다. 또한 딱딱한 겉흙이 성글어져 내리는 빗물이 잘 스며들게 하는 깔때기 효과까지 난다.

우리나라에서 텃밭농사의 최고수는 누구일까. 예전의 우리 어머니들이다. 그에 대한 합리적인 증거는 다음과 같다.

첫째, 남들은 쳐다보지도 않는 구석진 자투리땅이 그 분들의 눈길이 미치고 손길이 닿는 순간 보석같은 텃밭으로 변신한다는 점이다.

둘째, 생활주변에서 나오는 부산물 모두를 땅으로 돌려줌으로써 환경과 흙을 생각하는 동시에 건강한 먹거리를 만들어내는 자연순환적 혜안이다.

셋째, 석유에 의존하지 않고 달랑 호미 한 자루로 텃밭농사를 평정하는 놀라운 저력이다.

농사용어

○두둑 : 모종이나 씨앗 뿌릴 자리를 쌓아 올린 곳

○고랑 : 두둑 사이의 낮은 곳. 배수로이자 이동 통로

○이랑 : 두둑과 고랑을 아울러 이르는 말.

○파종 : 씨앗을 뿌려 심는 농사일.

○복토 : 흙덮기

○북주기 : 흙으로 작물의 밑줄기를 덮어 주는 일.

○결구 : 배추 등 채소 잎이 둥글게 속이 차는 일.

○곁순 : 풀이나 나무의 원줄기 곁에서 돋아나는 순.

○순지르기 : 식물체의 줄기나 가지 끝을 제거하는 일.

○덩이뿌리(괴근) : 덩이 모양으로 생긴 뿌리(고구마)

○덩이줄기(괴경) : 덩이 모양을 이룬 땅속줄기(감자)

○도장: 작물 약하게 자라 쓰러지는 현상.

○휴면 : 씨앗의 발아를 정지시키는 일.

○엽면시비 : 잎에 뿌려 약액을 흡수하게 하는 일.

○F1종자 : 우성종자끼리 교배해서 만든 씨앗

○가식 : 아주심기 전에 임시로 심는 상태

○관수 : 농사에 필요한 물을 논밭에 대는 행위

○광발아종자 : 빛을 쬐어야 싹트는 종자

○기비 : 파종 또는 모종 심기 전에 뿌리는 밑거름

○다비성작물 : 거름을 많이 먹는 작물

○도복 : 작물이 비바람에 의해 쓰러지는 상태

○도장 : 작물이 보통 이상으로 웃자라는 현상

○보비력 : 흙이 비료 성분을 오래 지니는 힘

○보식 : 모종이 죽은 곳을 새로 심는 행위

○비배 : 식물에 비료를 주는 일

○숙기 : 농작물을 수확하기에 적당한 시기

○심경 : 땅을 깊이 가는 행위

○열과 : 토마토 등의 열매 표면이 갈라지는 현상

○용탈 : 비료 성분이 물에 녹아 지하로 내려가는 것

○추대 : 꽃 피우려고 꽃대가 올라오는 것

○채종 : 씨앗을 받는 일

○최아 : 씨감자 싹을 조금 틔우는 일

○화방 : 꽃집, 열매가 열린 가지

○활착 : 옮겨 심은 식물이 뿌리는 내린 상태

○휴면타파 : 잠을 깨우는 작업.

발행 2022 년 03 월 11 일

저 자 | 효재 홍순덕
펴낸이 | 한건희
펴낸곳 | 주식회사 부크크
출판사등록 | 2014.07.15.(제2014-16호)
주 소 | 서울특별시 금천구 가산디지털1로 119 SK트윈타워 A동 305호
전 화 | 1670-8316
이메일 | info@bookk.co.kr
ISBN | 979-11-372-7678-9
www.bookk.co.kr

모든 생명체는 숨이 필요하다. 산소는 들이고 이산화탄소는 빼내는 과정이다. 그런 측면에서 보면 식물은 능력자다. 이산화탄소로 산소를 빼내는 재주가 있고 산소로 이산화탄소를 합성하는 묘기도 갖췄다. 스스로 숨과 먹거리를 만드는 능력이다. 광합성의 신비다.

토양도 다를 바 없다. 들숨날숨에서 생명 품는 힘이 솟는 법이다. 꼬무락거리는 흙을 보라. 풀이든 들꽃이든 나무든 반드시 식물을 끌어안는다. 숨쉬기 위해서다. 그 중심에 뿌리가 있다. 밭도 그래야 한다. 두둑만큼은 작물로 채워야 하는 이유다. 밭의 호흡을 이끄는 원동력이 된다.

그러고 보면 텃밭은 소우주나 다름없다. 작물과 벌레와 풀이 어우러지는 엄연한 생명체이기도 하다. 텃밭에서 둘 중의 하나는 하길 권한다. 키우든지 덮든지. 알몸은 곤란하다. 숨이 고른 텃밭으로 가꿀 수 있다.